农村科技口袋书

竹藤培育与加工利用新技术

中国农村技术开发中心 编著

中国

图书在版编目（CIP）数据

竹藤培育与加工利用新技术/中国农村技术开发中心编著.—北京：中国农业科学技术出版社，2017.12

ISBN 978-7-5116-3308-8

Ⅰ.①竹…　Ⅱ.①中…　Ⅲ.①竹—栽培技术　②竹—加工利用　③藤属—栽培技术　④藤属—加工利用　Ⅳ.①S795　②S687.3

中国版本图书馆CIP数据核字（2017）第260685号

责任编辑	史咏竹
责任校对	贾海霞

出　　版	中国农业科学技术出版社	
	北京市中关村南大街12号　　邮编：100081	
电　　话	（010）82105169（编辑室）	
	（010）82109702（发行部）　　（010）82109709（读者服务部）	
传　　真	（010）82109707	
网　　址	http://www.castp.cn	
经　　销	各地新华书店	
印　　刷	北京科信印刷有限公司	
开　　本	880mm×1230mm　1/64	
印　　张	3.5625	
字　　数	120千字	
版　　次	2017年12月第1版　　2017年12月第1次印刷	
定　　价	9.80元	

编写人员

主　编：江泽慧　王振忠　董　文

副主编：费本华　左　锋

编　者：（按姓氏笔画排序）

丁雨龙　马建峰　王　戈　王　进

王　建　王传贵　王晓欢　王浩杰

王福升　王慷林　邓拥军　田根林

吕文华　任海青　刘　健　刘　磊

刘广路　刘志佳　刘杏娥　刘国华

刘焕荣　汤　锋　孙正军　苏文会

李珍连　李莲芳　李湘洲　李静红

杨淑敏　肖复明　何明阐　余　林

余坤勇　汪佑宏　沈葵忠　张　威

张双燕　张亚波　张兴中　张秀标

张恩向　　陈晓红　　武　恒　　范少辉

林　涛　　林树燕　　周　黎　　官凤英

房桂干　　封焕英　　钟　永　　姚　曦

顾　沁　　徐永建　　高　健　　高志民

郭起荣　　唐森强　　盖希坤　　覃道春

程海涛　　舒金平　　温　亮　　蔡春菊

操海群

前　言

　　为了充分发挥科技服务农业生产一线的作用，将现今适用的农业新技术及时有效地送到田间地头，更好地使"科技兴农"落到实处，中国农村技术开发中心在深入生产一线和专家座谈的基础上，紧紧围绕当前农业生产对先进适用技术的迫切需求，立足国家科技支撑计划项目产生的最新科技成果，组织专家，精心编写了小巧轻便、便于携带、通俗实用的"农村科技口袋书"丛书。

　　《竹藤培育与加工利用新技术》筛选凝练了国家科技支撑计划"竹藤资源培育与高附加值加工利用技术研究（2012BAD23B00）"项目实施取得的新技术，旨在方便广大科技特派员、种养大户、专业合作社和农民等利用现代农业科学知识、发展现代农业、增收致富和促进农业增产增效，为加快社会主义新农村建设和保障国家粮食安全作出贡献。

"农村科技口袋书"由来自农业生产、科研一线的专家、学者和科技管理人员共同编写，围绕关系国计民生的重要农业生产领域，按年度开发形成系列丛书。书中所收录的技术均为新技术，成熟、实用、易操作、见效快，既能满足广大农民和科技特派员的需求，也有助于家庭农场、现代职业农民、种植养殖大户解决生产实际问题。

在丛书编写过程中，我们力求将复杂技术通俗化、图文化、公式化，并在不影响阅读的情况下，将书设计成口袋大小，既方便携带，又简洁实用，便于农民朋友随时随地查阅。但由于水平有限，不足之处在所难免，恳请批评指正。

编　者

2017 年 8 月

目　录

第三篇　竹藤培育新技术

第四篇　竹基新材料、新技术、新工艺

第五篇　藤基新材料、新技术、新工艺

第六篇　竹材化学利用新技术

第一篇
竹子新品种

刚竹属两相思

品种来源

国际竹藤中心、河南省焦作市博爱县竹子科学研究所选育。2013年通过国家林业局植物新品种权审定，品种权20130126。

特征特性

竿高可达20m，粗达15cm，幼竿无毛，无白粉或被不易察觉的白粉，偶可在节下方具稍明显的白粉环；节间长达40cm，壁厚约5mm；竿环稍高于箨环。箨鞘革质，背面黄褐色，有时带绿色或紫色，有较密的紫褐色斑块与小斑点和脉纹，疏生脱落性淡褐色直立刺毛；箨耳小形或大形而呈镰状，有时无箨耳，紫褐色，繸毛通常生长良好，亦偶可无繸毛；箨舌拱形，淡褐色或带绿色，边缘生较长或较短的纤毛；箨片带状，中间绿色，两侧紫色，边缘黄色，平直或偶可在顶端微皱曲，外翻。末级小枝具2～4叶；叶耳半圆形，繸毛发达，常呈放射状，叶舌明显伸出，拱形或有时截形；叶片长5.5～15cm，宽7.5～2.5cm。笋期5月下旬。该品种与斑竹相似，但黑色斑点仅集中分布在沟槽内而不同于斑竹。该品种材质坚硬、致密、弹性好、韧性强、笋味好。笋期5月中旬至6月上旬。笋肉多味香。耐寒、耐旱，能适应-17℃的低温。

适宜地区

黄河流域及其以南各地，从武夷山脉向西经五岭山脉至西南各省区市均可栽培。北京市城区引种成功。

注意事项

积水及长期浸渍低洼地不宜种植。

斑　竹　　　　　　　　　两相思

牡竹属甘之饴

品种来源

广西壮族自治区林业科学研究院、国际竹藤中心等选育。

特征特性

竿直立，高6～10m，直径3～6cm，尾梢下垂；节间绿色，初具厚白粉及白色上向刺毛，易脱落；竿环平，每节具芽；箨环微隆起，上下均具黄棕色毯毛环。箨鞘革质，鲜时绿色，干后草枯色，背面密被贴生上向的棕褐色刺毛，尤以基部较密；箨耳微小，线形，鞘口繸毛3～5条，长约5mm；箨舌截形或微凹，高2～3mm，两面无毛；箨叶反折，卵状披针形，易脱落。分枝习性高，达1.5m以上，主枝较侧枝粗而长。每小枝具叶5～8片，叶耳和鞘口繸毛缺失；叶舌弓形，边缘齿状；叶片矩状披针形，长35～45cm，宽5～7cm，下表面被白色短柔毛，侧脉8～10对。花序未见。耐高温，抗强光。笋产量高，7～8年进入发笋盛期，每丛最高产笋量可达25kg。竹笋无苦味，不用水焯即可烹调作蔬菜鲜食，味道清甜爽口。竹丛直立，枝繁密，叶翠绿，具有较高观赏价值，可用于庭园、广场、道路绿化。

适宜地区

广西①、广东、海南、云南等省区中南亚热带地区均适宜种植。

注意事项

不耐低温。

甘之饴　　　　　　　　　吊丝竹

注：甘之饴，竹笋墨绿色，密被贴生向上的棕褐色刺毛；吊丝竹，竹笋青绿色，背面贴生黑棕色行，以基部较密集，上部稀疏

———————————

① 广西壮族自治区，全书简称广西

刚竹属金添玉

品种来源

国际竹藤中心、扬州大禹风景竹园、浙江省湖州市安吉县竹产业协会等选育。

特征特性

常绿、中小径竹。竿高5～15m，直径4～8cm，竹梢部下垂，微呈拱形。新竿黄色，间有绿色纵条纹，幼竿微被白粉，无毛，老竿黄色，有绿色纵条纹；节间长25～35cm，壁厚约5mm；竿环隆起，稍高于箨环，常在一侧突出以致其竹节多少有些不对称。箨鞘背面淡黄绿色带紫或淡褐黄色，无毛，微被白粉，密被黑褐色斑块和斑点，尤其以中部较密；无箨耳及鞘口繸毛；箨舌弧形隆起，两则明显下延，淡棕色至棕色，边缘生细纤毛；箨片带状披针形，强烈皱曲，外翻，背面绿色，复面褐紫色，边缘颜色较淡呈淡橘黄色。末级小枝具2或3叶；有一叶耳及鞘口繸毛；叶舌发达，高达3mm；叶片微下垂，较大，带状披针形或披针形，长 9～18cm，宽 1.2～2.0cm。笋期 4 月中下旬。

适宜地区

适宜种植区域为亚热带、暖温带地区，光照充足、气候温和、余量充沛、四季分明的城乡环境。

注意事项

低洼积水区生长不好。

注：左侧为黄竿乌哺鸡竹，通体黄色，间有竖绿条纹；中间为黄纹竹，通竿绿色，无条纹，沟槽黄色；右侧为金添玉，通体黄竿，间有竖绿条纹，沟槽绿色

相近竹种竿形态比较

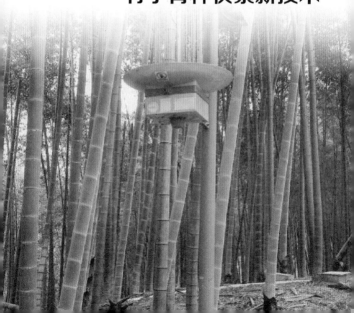

第二篇

竹子育种快繁新技术

毛竹种子萌发促萌技术

技术目标

针对毛竹种子的活力储存时间短、种子易劣变等现象，解决了毛竹种子活力保存难、出苗时间不一致，劳动力老龄化及日益短缺的问题，研发了毛竹种子萌发促萌技术。该技术通过毛竹种子变温处理技术和赤霉素处理技术，解决了毛竹种子出苗时间长，出苗时间不一致的问题，实现了提高萌发率和萌发整齐度的目标。研发能提高毛竹种子活力、发芽率、发芽势和整齐度的活力保存和促萌技术。

技术要点

（1）变温处理。毛竹种子最适宜温度范围为 20～30℃，低于 15℃ 或超过 35℃ 均不能很好萌发，最适萌发温度 25℃。15℃/25℃(暗/光）变温（16h/8h）变温处理有利于发芽整齐。

（2）赤霉素处理。赤霉素（GA3）与吸湿—回干综合处理方法显著提高种子发芽能力和活力指数，加快毛竹种子萌发进程，促进萌发后幼苗生长，GA3 处理的适宜浓度范围为 50～200mg/L，处理种子的最佳浓度为 100mg/L。

（3）GA3 与吸湿-回干综合处理（浸种 48h，回干 7 天，至吸湿前的种子含水量）方法是提高老化毛竹种子生活力的有效方法。

（4）毛竹种子生活力测定方法：室内发芽试验法和 TTC 生活力快速测定法。提出种子完全吸涨后，于 30～35℃黑暗条件下、TTC 浓度 0.5%，染色 3～4h 为毛竹种子生活力快速测定的最佳条件。

技术来源：国际竹藤中心

毛竹种子实生苗育苗技术

技术目标

传统的毛竹造林以母竹移栽的方式进行，但经济新常态下劳动力缺乏，劳动力老龄化等问题突出，毛竹资源的发展却面临母竹难以获取和搬运，母竹移栽成活率低，尤其是西南山地长江中上游的陡坡造林，立地条件差的荒山造林。毛竹实生苗萌发力强，成活率高，栽植体积小、重量轻的毛竹实生容器苗可以缓解壮劳力不足现状，降低造林劳动力成本。该技术通过使用毛竹实生容器苗提高了传统的裸根苗育苗效率，通过应用白色网袋和轻基质，方便了起苗搬运，降低了对劳动力的需求，降低了苗木的烂根率和灼伤率。该技术应用毛竹种子实生容器苗上山造林，种苗来源多，比起挖植母竹造林，省工、省时，可节约经济成本90%以上，而且在造林、运输、成活、成林等方面都优于母竹移植造林。

技术要点

（1）圃地选择。选择育种苗圃时，应当以背风向阳、排灌方便以及接近水源的平地为首选，土壤的酸碱性要适中，要有肥沃而又疏松的土壤。一般而言，山地育苗过程中，新苗圃应当在播种之前的2～3个月内深挖翻土，并将其清理干净。经大约1个月时间的风化，在播种之前对其进行1～2次的深挖翻土，用碎土作为培养种苗的苗床。通常情况下，床的高度应当在12cm，宽度以1m为宜，而且其步道的宽度应当保持在40cm左右的范围之内，排水较好的地区可采用平床等方式。苗床表面的土层要细碎，床身要紧实，而且步道应当通直与排水沟相连接；施用钾肥、堆肥以及火烧土和人畜粪便，同时还要以钙镁磷肥，或者过磷酸钙等与土堆肥和杂肥一同混合，堆沤之后方可应用。

（2）种子消毒。用清水浸0.5h，再用0.3%高锰酸钾溶液消毒2～4h后洗净。最后用净水浸泡24h，从水中捞出后晾干1～2h后便可播种。

（3）播种方法。用湿沙对其进行拌种，以起到催芽之功效。当种子露白时，即可将其播种在苗床之上，为防止回芽烂种现象，应当经常对其进行适当淋水。实际播种操作时，播种可分为穴播、条播两种。其中，穴播的用量非常少，而且竹苗的分布也比较均匀、整齐，便于日后的管理；株行距应当控制在30cm×40cm规格，穴径为5～6cm，其深度应当控制在2～3cm；每个穴中均匀地点播大约8～10粒毛竹种子；实生容器苗应采用点播，营养钵选择10～15cm，每钵均匀点4～6粒种子。然后再用火烧土或用淋水的稻草对其进行覆盖，覆种厚度1.5cm，不见种子为宜。

（4）播种时间。毛竹种子在常温下贮藏不宜超过半年，只要温度适宜，就应抓紧播种，可秋播或春播。

（5）容器选择。实生容器苗选用白色可降解轻基质营养网袋或营养钵，钵的大小直径以10～15cm为宜。与同样大小的黑色营养钵比，降低了苗木烂根率和灼伤率，方便了起苗搬运，降低了对劳动力的需求。

（6）圃地管理。当毛竹播种完成后至出苗之前，均要保持土壤的湿润性，但主要浇水的量不宜太多，以免造成苗床板结。同时，在竹苗的周围均匀地覆盖一些谷壳和木屑，不仅可起到抗旱的作用，而且还可有效减轻竹苗沾泥危害。当遇到阴雨天气时，应当将过密的竹签带土移植到缺苗穴中，以保证竹苗的均匀分布和健壮生长，从而提高产苗量。幼苗出土之后，要注意除草和松土，培土时不宜太厚，不露根即可，并适量地进行浇水和追肥。冬季来临时，在苗圃的周围设风障，竹丛处覆盖5～10cm厚的泥土，撒稻草。

（7）间苗补苗。在幼苗展叶3～5片、苗高10～12cm和分蘖前的阴雨天进行。要求随起随栽，多带宿土，栽植时苗根要舒展，深浅适宜（比原入土深约0.5cm），株行距30cm×30cm，保持每穴1～2株，淋足定根水，再覆盖一层松土至苗茎位置。

（8）苗圃管理。竹苗出土后要及时揭去盖草并可开始除草，天旱时要淋水，施肥宜用较稀的人粪水，每月施肥1～2次。为了使竹苗分布均匀，提高竹苗产苗量，可利用阴雨天气把过密的竹苗带上移植在缺苗的地穴中，每穴1～2株。

（9）揭草去膜。分两次进行。大部分播种穴出苗后，揭去1/2，再经过7～10天全部揭除。白天去掉薄膜，晚上覆盖，达到炼苗目的，最后完全揭除。

（10）移植小苗。先将每穴有3～4株苗的留下2株，多余的用竹签连根带土移植到缺苗的穴中，使之均匀，此工作应在立夏以前进行，同时要经常淋水，以保成活。

（11）合理耕作。毛竹实生容器苗圃地的两年轮作制度，减少了苗木的病虫害，维持了地力。

技术来源：国际竹藤中心

方竹笋用林培育技术

技术目标

方竹是寒竹属分布较为广泛的一个种，在我国主要分布于浙江、江西、福建、湖南、广西、贵州、安徽、江苏和台湾等省区。以野生为多，通常在常绿及落叶阔叶混交林下组成复层竹阔混交林，一般分布在两坡夹一沟的山坡中下部。农民家前屋后常有小片栽培，大规模人工经营的纯林较少。方竹是优良的笋用竹和观赏竹。秋季出笋，笋肉厚、味鲜美。竹竿近四方形，材质坚硬，适合原竹利用制作工艺品。本技术主要解决高效培育方竹笋用林的技术。

技术要点

1. 栽植区域

方竹喜光，适生于气候温暖湿润，土质肥厚、排水良好的立地。方竹叶薄而繁茂，蒸腾量大，容易失水，故多自然分布于荫湿凉爽、空气湿度大的环境中。长江流域以南各地，年平均温度12～20℃，绝对低温不低于−8℃，年降水量

1 000mm 以上的低山缓坡及平原均可栽培。方竹从低地到海拔 800m 均有自然分布，但以海拔 200～600m 生长最好。土壤要求酸性，黏土、重黏土和沙土均能生长，在丘陵山地的山脚、田边、山间盆地栽培较为理想。

2. 整 地

整地应在造林前的秋、冬季节进行。整地方式应根据劳力、造林地条件、造林方法及环保要求等来确定，一般可分为下列 3 种方法。①全面整地法：适用于坡度不大的造林地，整地时开垦深度 40～50cm；②带状整地法：适用于坡度在 20°～30° 的造林地，整地带与等高线平行，整地带宽度为 2～3m。未开垦的地带，应在造林后的 2～3 年开垦完毕；③块状整地法：适用于因劳力缺乏或坡度 30° 以上的造林地，在全面清理灌木、藤丛的林地上，根据造林密度，确定栽植点。地块大小一般为 2m×1.5m 或 1.5m×1.5m，深度 40cm。以后 3～4 年内将未开垦的地带开垦完毕。

3. 母竹选取技术

母竹的选取技术包括母竹选择、母竹挖掘、母竹运输。

（1）母竹选择。移栽母竹选择 1～2 龄的竹子、粗细以眉径 1.0～1.5cm 的竹子为宜。母竹应是分枝较低、枝叶茂盛、竹节正常、无病虫害的健康立竹。

（2）母竹挖掘。母竹选定后，在距母竹竹根 30cm 的地方挖开土层，仔细找到该竹所连竹鞭。将竹鞭两侧开沟，暴露来鞭与去鞭，按来鞭 20cm，去鞭 30cm 切断，留枝 4～5 盘。再将母竹连同竹鞭一起掘起。方竹竹林密度大，通常几株母竹靠近生长在同一条鞭上，挖取母竹时难以分开，可将 2 株或 3 株一块挖起，一块造林。

（3）母竹运输。为防止宿土脱落和"螺丝钉"受损，远距离运输时需进行包扎。为了防止运输过程中叶片失水，运输车辆必须用篷布严密覆盖，如有条件，尽量用厢式车运输。

4. 母竹栽植技术

冬初至早春、梅雨季节是方竹造林的适宜季节。种植穴密度每亩①100～120 株，种植穴规格为长 60cm、宽 60cm、深 50cm。造林时，先将表土回填种植穴内，厚度 10～15cm，然后解除母竹根盘的捆扎物，将母竹放入穴内，根盘面与地表面保持平行，使鞭根舒展，下部与土壤紧实相

---

① 1 亩≈667m²，全书同

接。然后浇"定根水"，进一步使根土密接，等水全部渗入土中后再覆土，在竹竿基部堆成薄馒头形。方竹宜浅栽不可深栽，母竹根盘表面比种植穴面低3cm。在种植穴坡的上方和两侧1m处开排水沟，以防积水烂鞭。在风大的地方需加支护架，以防风吹竹竿摇晃。

5. 幼林的抚育技术

（1）抗旱排涝。新栽母竹经过挖取、运输和栽植的过程，鞭根受到损伤，只有在土壤湿润又不积水的条件下，鞭根才可得到充足的水分，获得足够的空气，才有利于恢复生长发育。新栽方竹如遇久旱不雨、土壤干燥，要适时适量浇水灌溉。而当久雨不晴、林地积水时，必须及时排水。

（2）松土除草。新造方竹竹林稀疏，林地光照充足，杂草灌木容易滋生，如不及时铲除，不仅消耗竹林的水分和养分，而且直接妨碍竹子生长，甚至发生病虫害。因此，新造竹林前两年除草2～3次，第三年除草1～2次。第一次在3—4月，第二次在5—6月，第三次在8—9月。若每年进行一次除草松土，可在7—8月进行。全面整地的竹林可全面除草松土，松土深度为15～20cm，将杂草翻入土中充作肥料。原来带状或块状整地的竹林可在母竹周围扩大松土垦覆范围，深度为30cm，垦覆时挖掉树桩、石块、草根。2～3年内垦覆范围逐步扩大，达到连片全垦。

（3）适当施肥。竹林成活后开始了行鞭或发笋，如栽竹时未施基肥，单靠土壤的自然肥力是不够的，需要及时施肥补充养分。合理的施肥应做到因时因地制宜，根据竹子生长需要以及造林地的土壤理化性质，缺什么补什么。一般来说，新造竹林各种肥料都可以使用，但应以土杂肥为主，如厩肥、堆肥、饼肥，或以草代肥，再混施适量的化肥，以提高肥效。迟效性的有机肥料在秋冬季施用，它既能增加林地肥力又可保持土温，对新竹的鞭芽越冬很有好处。而速效性的化肥、饼肥和人粪肥等应在春夏季施用，以便及时供给竹子生长需要。

6. 采笋与母竹留养技术

方竹竹笋出笋期长，数量多，应及时挖掘。早期的竹笋出土25cm左右时全部挖掉。盛期的竹笋出土10cm左右时挖掘，并按每亩300株左右的标准留养母竹。留养母竹应遵循去小留大，去弱留壮，去密留稀，确保母竹留养均衡。每亩立竹保持1 000～1 200株，龄级组成为一年生方竹占 30%，二年生方竹占 30%，三年生方竹占 30%，个别空处可留四年生方竹 5%～10%。在新竹抽枝展叶后可进行钩梢，留枝 10～12 档，在无风倒雪压的情况下，可不钩梢。

技术来源：南京林业大学

一种云南甜龙竹的反季节埋节育苗方法

技术目标

云南甜龙竹笋是目前国内分布最广、品质最好的甜笋，老百姓的田间地头多有种植，普洱市政府计划到 2020 年推广 100 万亩云南甜龙竹。目前云南甜龙竹常规的育苗，主要选择在 3—4 月开始育苗，且均为常规的春季扦插育苗，难以满足短期内对云南甜龙竹幼苗的大量需求，缺乏反季节育苗实践。目前所采用的传统的云南甜龙竹育苗，施用激素或生根粉时，主要采用将主枝或竹节浸泡的方式，但云南甜龙竹个头大，直径粗，如果开展大规模的埋节或埋竿育苗，通过采用浸泡的方式并不合适。针对上述现有技术存在的问题做出改进，公开了一种云南甜龙竹的反季节埋节育苗方法。

技术要点

（1）在 7～8 月，选取 2～3 年生已经萌发主枝的云南甜龙竹，将云南甜龙竹的竹节逐一取下并将其两端削成平行的马耳形，云南甜龙竹的竹节上部保留 5～10cm，竹节下部保留 10～15cm，枝蔸除主枝外，再保留 2～3 枝粗大主枝，其余枝叶全部剪除。

（2）云南甜龙竹的主枝保留 4～5 竹节，其余枝叶全部剪除。

（3）将 ABT 生根粉用水配成 0.8g/L 溶液，然后从苗床取土后混入至生根粉溶液中，搅拌至可以捏成泥团为止。

（4）将每一竹节的枝蔸处用步骤（3）中的泥团糊上，在竹节上部的竹腔灌入水，用步骤（3）中的泥巴糊住。

（5）埋节，将带主枝竹节 45° 斜插入苗床上，主枝朝外。

（6）用土覆盖至全部竹节不露出地表，仅留主枝和剩余的侧枝露出土面并洒水 1 次，至苗床上的土能够捏成团为止。

（7）搭建地膜小棚以及遮阴网，根据当地降雨、温度情况，适当打开和覆上地膜，如埋节后半个月到 1 个月无连续降雨，则一周洒水 2 次，至保证苗床上土能捏成泥团为止。

（8）埋节后，每隔 1 个月在主枝的枝蔸处、用喷雾器喷洒 1 次 0.8g/L 的 ABT 生根粉溶液，

ABT 生根粉溶液的用量至枝蔸处周围的土湿透即可，一直持续到当年的 12 月为止。

技术来源：西南林业大学

一种通过组织培养获得大量小佛肚竹再生植株的方法

技术目标

小佛肚竹属箣竹属，又名葫芦竹、佛竹、密节竹，是以特形竿作为观赏性状的重要观赏竹之一。小佛肚竹一般具2种竿形：正常竿形的小佛肚竹竿下部略呈之字形曲折；畸形竿形的小佛肚竹节间短缩且肿胀呈花瓶状。后一竿形常用于制作盆景及庭院栽培作观赏用，其竹高25～60cm，直径0.5～2cm，节间较短，一般只有2～5cm，或短缩肿胀呈花瓶状，为著名的观赏竹种，具有广阔的市场前景。

然而，竹类植物开花间隔期长，开花期无法预测，且种子获取十分困难，萌发率也低。因此，竹子繁殖主要以埋鞭、埋竿、埋节等传统方法为主，这些方法具有消耗种竹多、种苗运输不便、劳动强度大、繁殖系数低等缺点，小佛肚竹也是如此。而且，小佛肚竹畸形竿的变异不稳定，利用生物技术可以高效、快速地对作物品种性状进行遗传改良，从而为小佛肚竹提供一种方便、快捷和有效的方法。针对上述不足和缺陷，克服小佛肚竹组织培养过程中再生难的问题，通过不同生长调节剂的组合，设计出适合小佛肚竹再生的培养基，完成小佛肚竹植株再生的时间最快仅为15周左右。为小佛肚竹的快速繁殖和定向生物技术育种奠定了坚实的基础。具有一定的社会效益和经济效益，可以促进我国竹产业的发展。

技术要点

（1）外植体的选择：为小佛肚竹（*Bambosa vantricosa*）的无菌苗的再生芽。

（2）胚性愈伤组织的诱导与保持：选取无菌苗上刚萌发的再生芽，切取离芽尖约1.5cm的茎段。接到愈伤诱导培养基（MS+TDZ 0.001mg/L+2,4-D 6mg/L+ NAA 0.5mg/L），4周后愈伤组织形成，将形成的愈伤组织转接到愈伤增殖培养基（MS+5mg/L 2,4-D+0.5mg/L 6-BA+1mg/L 萘乙酸+100mg/L 维生素C）进行增殖培养。

（3）胚性愈伤组织的分化：胚性愈伤组织培养30天后，将愈伤组织转接到分化培养基（MS+3mg/L 6-BA+0.5mg LNAA）上，使愈伤组织分化成芽。

（4）再生芽的生根与移栽：将分化后的芽

转接至生根培养基中，2周后，就有不定根产生，待根生长至5cm时，可进行再生苗的移栽。再生苗移栽花盆中后置于植物生长室中［湿度60%～80%，温度（25±1）℃，光周期为光照14h/黑暗10h］。

所有培养基都在灭菌前将pH值调到5.8，灭菌条件为121℃下18min。培养室温度为（25±1）℃。光周期为光照14h/黑暗10h。培养物表面的光照强度约为3 000lx。

技术来源：南京林业大学

一种小蓬竹组织培养快速繁殖方法

技术目标

小蓬竹（*Ampelocalamus luodianensis*）系禾本科竹亚科悬竹属（*Ampelocalamus*）竹种，为喀斯特地区的濒危植物，目前主要分布于贵州省罗甸县、长顺县、紫云苗族布依族自治县、望谟县。整个分布区位于北纬 24°58′～26°03′，东经 105°25′～107°03′，垂直分布高度 650～1 250m。其外形美观，有栽培观赏价值，同时，小蓬竹能在环境恶劣的喀斯特地区生长良好，能耐干旱和贫瘠，对增强土壤的固土、保水、保肥能力效果十分显著，其林冠层对降雨的截留量明显优于灌木群落，林下土壤中水稳性团聚体的数量也高于灌木群落和草地，在喀斯特生态系统中对水源涵养、水土保持、养分平衡等生态功能发挥着重要作用，具有很高的生态效益。近些年来，小蓬竹被当地造纸企业广泛用作造纸原料，特别是对新生幼竹掠夺式砍伐现象严重，致使小蓬竹无性系种群严重退化，种群数量急剧减少，在《中国物种红色名录·第一卷.红色名录》中小蓬竹被列为极危物种。

目前小蓬竹的育苗造林方式主要采用移竹造林，效率极低，无法有效缓解小蓬竹目前种群数量急剧减少的问题。采用组织培养的方法效率高，条件可控，而且竹苗生长快、周期短、繁殖系数高且不受季节限制、运输方便，适合小蓬竹竹苗的工厂化生产，可从根本上缓解小蓬竹种群数量下降的问题。

技术要点

（1）外植体的消毒处理：外植体（带有1～2个小节的小段，长度为1.5～2.0cm）从室外采回后，先用流水冲洗2～3h，然后用70%乙醇处理30s，再用0.1% $HgCl_2$ 浸泡5min，通过以上消毒方法处理后的小蓬竹外植体接种后，无菌率最高，芽诱导成活率高。

（2）丛生芽诱导最佳配方：MS+5mg/L 6-BA+30g/L 蔗糖 +6.5g/L 琼脂。

（3）丛生芽增殖最佳配方：MS+5mg/L 6-BA+0.5mg/L KT +30g/L 蔗糖 +6.5g/L 琼脂。

（4）组培苗生根的最佳配方：MS+1mg/L 6-BA+1mg/L NAA +0.5mg/L IBA + 30g/L 蔗糖 + 6.5g/L 琼脂。

（5）小蓬竹组培苗移栽的最佳基质为蛭石，移栽成活率达 100%。

技术来源：南京林业大学

第三篇

竹藤培育新技术

毛竹养分高效管理技术

技术目标

毛竹作为我国最重要的经济和生态竹种，养分高效管理是毛竹林丰产培育与可持续发展的基础。本技术通过对施肥量、重点施肥对象、施肥时间和施肥方式的控制，同时结合林分结构管理与土壤垦复，实现毛竹林肥料养分效益最大化，降低肥料浪费及对环境的负面影响。

技术路线

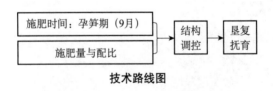

技术路线图

技术要点

（1）毛竹重点施肥对象和施肥量。施肥种类以氮、磷、钾肥为主，重点施给Ⅰ度、Ⅱ度竹株，施肥方式采用穴施。对高度集约经营竹林可配施钙镁硅肥，以Ⅱ度竹为重点施肥对象。根据积累量核算，每产50kg竹材，毛竹净吸收的肥料量为尿素0.42kg、过磷酸钙0.60kg、氯化钾0.24kg，N:P:K=1:0.2:0.6。值得注意的是，上述肥料量是全部被竹株吸收的量，生产操作时必须考虑肥料的利用率问题。根据试验区核算普通立地条件的最佳施肥量为：尿素26kg/亩，过磷酸钙20kg/亩，氯化钾10kg/亩。

（2）施肥时间。一个生理周期（2年）施肥1～2次，推荐在发笋前（大年2月）或孕笋期（小年9月左右）进行施肥作业。施肥次数的减少，一方面降低投入，同时也减轻对竹林过分扰动，符合当前生态经营理念。

（3）结构调控。密度结构：120～150株/亩。

年龄结构：Ⅰ度、Ⅱ度、Ⅲ度比例分别控制在40%、35%、25%。

（4）土壤垦复管理。一个生理期（2年）垦复一次，时间在出笋大年冬季或者小年换叶后。垦复深度30cm，去除老鞭和老蔸。

技术成效

通过控制施肥量和配比，在最佳养分响应期

进行养分管理（施肥），竹林生产力（产材量）提高 23%，且抚育成本降低，对土壤干扰减少。

孕笋期（9月）开沟施肥

技术来源：国际竹藤中心

慈竹高效经营技术

技术目标

慈竹〔*Neosinocalamus affinis* (Rendle) Keng f.〕是我国西南地区重要的丛生竹种，具有竿壁薄、节间长、竹材篾性好、纤维长度大等特点，是优良的竹编、纸浆原料。通过合理调整慈竹林分结构、高效的林地养分管理，可以有效地提高慈竹的生产力，增加竹农收益。

技术路线

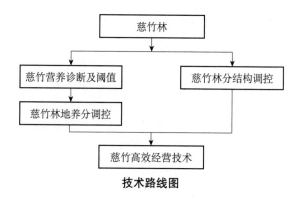

技术路线图

技术要点

（1）诊断对象及阈值。2年生慈竹叶片对土壤养分含量的变化最为敏感，2年生慈竹叶片可以作为土壤营养诊断的目标竹；0～20cm土层养分含量与叶片养分含量的相关性最强，叶片养分含量可以较好的反应0～20cm土层的养分含量情况。土壤全磷和有效磷含量可以作为慈竹营养诊断的指标，土壤全磷含量为0.14g/kg时，繁殖率最高为0.64，全磷含量为0.11g/kg时，繁殖率最高为0.38；土壤有效磷含量为1.90mg/kg时，繁殖率最高为0.54，有效磷含量为1.80mg/kg时，繁殖率最高为0.38。叶绿素含量为45～46时，慈竹具有较高的繁殖率和生物量增长率，可以作为慈竹营养诊断的指标。

（2）年龄结构调整。慈竹立竹密度小于12 000株/hm²，每丛留养母竹6～15株，平均胸径4～5cm，1年生母竹所占比例为50%～70%的慈竹林具有较大的繁殖率和生物量增长率。

（3）合理施肥量。慈竹合理的氮肥施用肥量为181.25～191.67kg/hm²、磷肥施用量为10.05kg/hm²、钾肥施用量为32.25～49.00kg/hm²时，慈竹具有较高的繁殖率和生物量增长率。

技术成效

慈竹高效经营技术能显著提高慈竹的生产力，在四川省长宁县建立的示范林繁殖率增加了 42%，生产力增加了 29%。

慈竹示范林

技术来源：国际竹藤中心，四川省长宁县林业局

苦竹林高效培育技术

技术目标

苦竹［*Pleioblastus amarus* (Keng.) Keng. f.］是我国长江流域地区优良的乡土竹种，地下茎复轴混生，笋材两用，竹笋可食用，竹材可造纸，嫩叶、嫩苗、根茎等均可供药用。通过林分结构管理、合理施肥控制，结合土壤垦复、覆盖等经营措施，可有效提高单位面积竹笋产量和质量，提供优质无污染的森林绿色食品。

技术路线

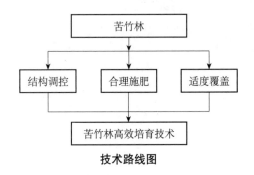

技术路线图

技术要点

（1）结构调控。苦竹立竹度 9 000～12 000 株/hm²，合理年龄结构为：1 年生竹占 40%，2～3 年生竹各占 30%，4 年生以上老竹宜砍伐，砍伐量与当年留新竹数量大致相等，宜在每年冬季寒露后砍伐。

（2）合理施肥。每年施总氮 60～90kg/hm²，磷 12～20kg/hm²，钾 25～40kg/hm²，氮磷钾比例 4.5:1:2，分 4 次施入。第一次 2—3 月施长笋肥，以有机肥和复合肥为主，第二次 5—6 月施长鞭肥，以复合肥、磷肥和尿素为主；第三次 9—10 月施催芽肥，以复合肥和尿素为主；第四次结合覆盖于 11—12 月施孕笋肥，以有机肥或农家肥为主。

（3）适度覆盖。11—12 月，采用竹叶、松针、谷壳、作物秸秆、锯木屑、有机肥等覆盖，厚度 15～30cm，覆盖物上可加盖塑料薄膜，必要时可在覆盖前浇一次透水。竹林覆盖 1～2 年后间歇 2～3 年进行轮换，以恢复林地生产力。

（4）留养母竹。出笋盛期，均匀留选健壮的竹笋作母竹，且在林内均匀分布，每年留养母竹数为竹林总株数的 30%～35%。

技术成效

苦竹笋用林高效经营技术能显著提高苦竹产量，四川长宁县建立示范林生产力增加 33%。

苦竹笋用林

技术来源：国际竹藤中心，四川省长宁县林业局

硬头黄竹高效经营技术

技术目标

硬头黄竹（*Bambusa rigida*）是一种优良的丛生竹种，具有生产力高、竿型条件好等特点，在造纸和用材方面发展前景广阔，近年来随着原料需求的不断增长，硬头黄竹的经济效益不断上升，合理的经营管理措施是提高硬头黄竹的生产力的必要手段。通过对硬头黄竹合理林分结构和林地管理的研究，构建硬头黄竹高效经营技术体系，提高硬头黄竹的生产力，增加竹农收益。

技术路线

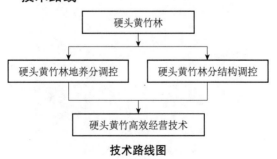

技术路线图

技术要点

（1）硬头黄竹合理结构。硬头黄竹的合理结构模式为 2 000～3 000 丛 /hm²，留养母竹 2～3 株 / 丛，年龄结构为 1 年生毛竹所占比例小于 30%，母竹平均胸径 4.0cm。

（2）硬头黄竹养分调控。合理施肥比例，N:P:K＝5:2:1，合理施肥量为 0.9kg/ 丛，施肥方式为环施。

技术成效

硬头黄竹高效经营技术能显著提高慈竹的生产力，生产力提高 30.18%。

硬头黄竹施肥穴施实验

硬头黄竹施肥撒施实验

技术来源：国际竹藤中心，四川省长宁县林业局

撑绿杂交竹高效经营技术

技术目标

撑绿杂交竹（*Bambus pervariabilis* × *Dendrocalamopsis daii*）是以撑篙竹为母本，大绿竹为父本的优良杂交竹品种，地下基合轴丛生型，具有产量高、笋期长、繁殖力强、适应性广的特点。在我国丛生竹分布区有较大面积种植，在造纸和用材方面发展前景广阔。通过合理调整撑绿杂交竹林分结构、高效的林地养分管理，可以有效地提高撑绿杂交竹的生产力，增加竹农收益。

技术路线

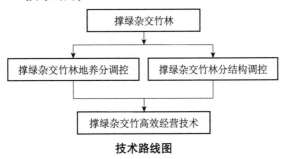

技术路线图

技术要点

（1）年龄结构调整。撑绿杂交竹的合理结构模式为：撑绿杂交竹 1 066～2 909 丛 /hm²，留养母竹 2～5 株 / 丛，年龄结构为 0.75～1.25 龄，母竹平均胸径 6.5cm。

（2）土壤养分调控。撑绿杂交竹推荐的林地管理模式为促进撑绿杂交竹胸径增粗的最佳施肥模式为：肥料配比，$N:P_2O_5:K_2O=3:2:1$，施肥量为 1.2kg/ 丛，施肥方式为撒施；提高撑绿杂交竹繁殖率的最佳模式是：肥料配比，$N:P_2O_5:K_2O=5:2:1$，施肥量为 0.6kg/ 丛，施肥方式为穴施；增加撑绿杂交竹生物量的最佳施肥模式为：肥料配比，$N:P_2O_5:K_2O=5:2:1$，施肥量为 0.6kg/ 丛，施肥方式为撒施。

技术成效

撑绿杂交竹高效经营技术能显著提高撑绿杂交竹的生产力，技术应用后退笋率降低 50.62%、繁殖率提高 33.33%、生物量提高 38.79%。

撑绿杂交竹示范林

撑绿杂交竹示范林

技术来源：国际竹藤中心，四川省长宁县林业局

毛竹林碳储促进经营技术

技术目标

　　毛竹是我国分布最广、面积最大、经济价值最高的竹种，是应对气候变化的重要战略资源。该技术提高了单位面积毛竹林的碳储量，改善了林地环境，实现了毛竹林固碳量最大、碳泄漏最低的经营目标，生态效益十分显著。

技术路线

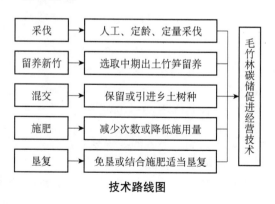

采伐	→	人工、定龄、定量采伐	
留养新竹	→	选取中期出土竹笋留养	毛竹林碳储促进经营技术
混交	→	保留或引进乡土树种	
施肥	→	减少次数或降低施用量	
垦复	→	免垦或结合施肥适当垦复	

技术路线图

技术要点

（1）混交。有目的的保留林分中阔叶、针叶树种，包括幼树，混生树木一般控制在树冠投影面积 20% 以下。在新竹林营造中引进乡土树种，尤其选择高大窄冠的地方乡土珍贵阔叶树种混交。

（2）立竹度。合理的立竹度为 3 000～3 600 株 /hm²，在立地条件和经营措施一致的情况下，尽量保留立竹密度最大化。

（3）年龄结构。逐步调整并维持年龄结构在 Ⅰ 度：Ⅱ 度：Ⅲ 度：Ⅳ 度 =3:3:3:1。

（4）立竹大小与分布。林分立竹大小基本一致，留养母竹胸径参照该地区相同立地条件下丰产竹林胸径大小，保持立竹在林分中空间分布均匀。

（5）施肥。在林分结构调整基础上，改变传统施肥方式，降低化肥施用量和减少土壤扰动。每 3～5 年施肥 1 次，于小年 9—11 月孕笋期穴施有机肥或者 N:P₂O₅:K₂O=1:0.68:0.5 的竹林专用矿渣肥，施肥量为每次每竹 1.5～8kg 腐熟人粪尿，或每次每亩 1 500～2 000kg 厩肥，或每次每亩竹林专用矿渣肥 80～100kg。

（6）垦复。采用免垦或结合施肥适当垦复措施。

（7）留养新竹。选取中期出土的竹笋留养为母竹，在出笋高峰后一个星期内选留健壮的竹笋长竹。保持新竹在竹林中分布均匀，每公顷留养胸径大于 8cm 的新竹 900～1 000 株。

（8）采伐。在冬季竹林休眠期（11 月底至翌年 1 月），砍伐Ⅳ度以上老龄竹或病虫危害、风倒、雪压的竹子。实行定龄定量砍伐，具体砍伐株数视竹林各龄立竹量现状而定，总的原则是砍伐量不能高于生长量。采用人工作业，减少使用机械工具产生的碳排放及机械采伐对林地环境的破坏。

技术成效

该技术在江西省安福县、井冈山市、永丰县开展实施与试验示范，建立毛竹碳储促进经营示范林 11.9hm^2，极大地提高了毛竹林经营水平，在取得经济效益的同时，有效提升了毛竹林的固碳增汇功能，产生了巨大的生态和社会效益。

碳储促进经营毛竹林分

技术来源：江西省林业科学院，国际竹藤中心，南京林业大学

毛竹林健康经营技术

技术目标

毛竹作为我国最重要的经济和生态竹种，受经营目标、经营者背景以及利益驱动的影响，当前毛竹林健康状况已受到挑战。本技术运用毛竹林健康评价指标模型对竹林健康水平进行评估，分析了立地条件、林分结构和干扰措施对竹林健康的影响，提出毛竹林健康经营技术要点，并在试验林进行了实践验证，为毛竹林健康与可持续发展提供理论依据与技术指导。

技术路线

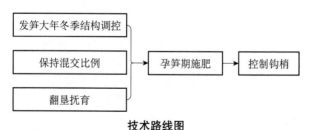

技术路线图

技术要点

1. 毛竹林健康经营技术与经营目标的关系

毛竹林健康经营是在遵循毛竹林自身发展演替规律基础上，保证毛竹林对外界干扰（经营手段、自然灾害等）有一定的抵抗力，并能维持林分结构稳定，进而为人们提供相应的产品和生态服务功能。因此，毛竹林健康水平与经营目标密切相关，评价指标的赋值受经营目标影响，但是无论何种经营目标，在遵从使用其自然属性、社会属性和资源属性的同时，也要兼竹林的生态基础设施属性。本技术服务的目标竹林是兼顾生态效益的笋材两用毛竹林。

2. 毛竹林系统健康的主要评价指标

毛竹林系统健康主要参考的指标主要有 4 个层次的 19 个具体指标。其中，4 个层次分别为目标层、准则层、要素层和指标层；19 个具体指标分别为：净光合速率 D_1、发笋率 D_2、平均胸径 D_3、鞭根活力 D_4、年龄结构 D_5、密度结构 D_6、树种组成 D_7、灌木丰富度 D_8、人为干扰强度 D_9、干旱指数 D_{10}、低温指数 D_{11}、产笋量 D_{12}、产材量 D_{13}、色彩 D_{14}、林冠截留 D_{15}、枯落物厚度 D_{16}、土壤渗透性 D_{17}、土壤 N 含量 D_{18} 和生物量 D_{19}。

3. 毛竹林系统健康培育技术

（1）混交模式控制。以竹阔混交最优，竹针混交和毛竹纯林其次，在实际经营中可适当保留其他树种，但以投影面积不超过30%为宜，提高竹林健康水平。

（2）密度结构。立竹度以 2 000～3 600 株/hm^2 最为宜，以产材为主的林分可以适当降低立竹密度，同时注意立竹均匀度控制，避免林内出现大的林窗或成簇分布的情况，以实现能量的高效利用与净光合速率最大化［达 5.2～6.0 μmol $CO_2/(m^2 \cdot s)$ 以上］。

（3）年龄结构。控制林内Ⅲ度以上的老竹数量，Ⅰ度竹株数＋Ⅱ度竹株数＞总株数×50%，Ⅲ度竹＜总株数×25%

（4）土壤与水分管理。对于土层较厚（60cm及以上）、坡度较小（<30°）、立地条件较好的林地，垦复有助于提升竹林健康水平，垦复频度控制在 1 次 /2 年，垦复深度控制在 30cm，挖除老蔸，提高土壤透气保水能力（土壤渗透性控制在 2.0～3.6mm/min），严禁每年高强度垦复和浅垦（<20cm）。灌溉可明显提升竹林健康综合指数，在条件允许的林分，建议增加此项措施。

（5）养分管理。适量施肥可显著提升竹林健康水平：①推荐施肥量：尿素26kg/亩，过磷酸钙20kg/亩，氯化钾10kg/亩。②施肥时间：一个生理周期（2年）施肥1~2次，推荐在发笋前（大年2月）或孕笋期（小年9月左右）进行施肥作业。③施肥方式：沟施，开沟深度30cm，沟宽2.0m；穴施，重点施予Ⅰ度竹、Ⅱ度竹。

（6）钩梢。钩梢后毛竹林冠截留能力显著下降，降雨后表层腐殖土流失严重，另外叶面积指数降低，影响林分的光合效率，健康水平较差，评价指标要表现为林分净光合速率下降、土壤渗透性降低。在雨雪灾害严重的地区，可以分散钩梢，对于立竹密度小于2 300株/hm²的林分或坡度大于30°的林分不宜钩梢作业。

技术成效

该技术以兼顾生态效益的笋材两用毛竹林为对象，在黄山国有林场开展实施与试验示范，建立健康经营示范林25hm²，竹林健康指数较对照增加0.15，林分质量、生态和社会效益得到提升。

健康经营示范林

技术来源：国际竹藤中心

竹林金针虫综合治理技术

技术目标

金针虫（*Melanotus cribricollis*）在当前我国南方地区竹区最为重要的笋期害虫，危害重、监测难，防治技术缺乏，严重制约了我国竹产业的健康发展。为解决这一问题，研发了竹林金针虫综合治理技术。该技术构建了幼虫及成虫的监测技术，综合营林技术措施，行为调控、生物防治及无公害药剂防治等技术手段，可突破当前我国竹林金针虫防治中的瓶颈问题，而且高效、安全、经济。

技术路线

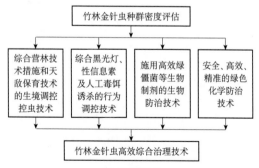

技术路线图

技术要点

（1）幼虫期，利用食物诱捕法调查林地内金针虫的虫口密度或出笋期调查竹笋受害率，或成虫期利用性信息素引诱剂监测成虫虫口密度，依据竹林金针虫的防治阈值（幼虫虫口密度=0.8头/诱捕器；成虫虫口密度=5.9头/诱捕器），制定防治决策。

（2）3—4月，利用挖笋及清理受害笋杀灭部分幼虫，同时在4月上中旬金针虫于浅层活动期埋施平沙绿僵菌寄生菌菌剂，平均用量每亩2kg（孢子数为$1×10^8$个/g）。

（3）5月初挖笋结束后，翻耕竹地杀伤还处于浅层活动的金针虫，同时施用3%氟虫氰颗粒剂（平均每亩用量2.5kg）或平沙绿僵菌颗粒剂（平均用量每亩2kg）防治浅层幼虫。

（4）5—7月，挂设杀虫灯和性信息素诱捕器诱杀出土成虫，平均每公顷林地2盏频振式杀虫灯。

（5）9—10月，金针虫另一浅层活动期，再次翻耕林地，破坏金针虫蛹室，3%氟虫氰颗粒剂（平均每亩用量2.5kg）或平沙绿僵菌颗粒剂（平均用量每亩2kg）。通过2~3年的持续防治，金针虫危害率可控制在10%以下，虫口密度压低在

0.3 头 / 株鲜笋之下。

技术成效

在防治示范林内金针虫危害降至 8.19%，技术实施区内每亩平均增收节支 230～310 元，占亩产效益的 10.46%～14.09%，种笋退笋率降至 12.38%。该金针虫监测技术对金针虫密度评测准确率达到了 83.81%，防治技术效果达到 90% 以上。

施用绿僵菌菌剂

设置黑光灯

技术来源：中国林业科学研究院亚热带林业研究所

竹笋夜蛾综合治理技术

技术目标

竹笋基夜蛾（*Kumasia kumaso*）、竹笋禾夜蛾（*Oligia vulgaris*）及竹笋秀夜蛾（*Apamea apameoides*）是我国最为重要的竹林笋期害虫，由于该虫危害隐蔽，当前尚无便捷、经济、能有效控制该虫的技术，竹笋夜蛾在我国竹区每年均有发生，局部爆发成灾，造成重大的经济损失和生态灾难，为解决竹笋夜蛾防治难题，研发了竹笋夜蛾综合控制技术。该技术集成了生境调控、行为调控及辅助化防等技术手段，可实现竹笋夜蛾高效、安全、可持续的控制。

技术路线

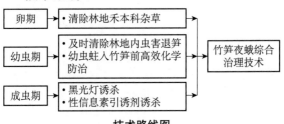

技术路线图

技术要点

（1）竹林抚育。在8月后清除竹林内杂草、灌木，要求彻底、全面，将清除的杂草于林外堆集沤肥，以消灭杂草中的越冬卵；次年3月前，再清除萌发的杂草，可断绝幼虫的中间寄主、杀死杂草中小幼虫，一般可降低虫害40%以上。在大年出笋后的秋冬进行竹林松土，一般可降低虫害率80%以上。在8月后至翌年2月前，对小片被害严重的竹林，可以覆盖10~14cm的土壤，要求覆盖均匀、无遗漏，并可结合施肥进行，可以降低虫害94%以上或者可杜绝笋夜蛾的发生。

（2）挖除虫退笋。4—5月，竹笋夜蛾钻蛀竹笋危害，虫退笋率很高，及时挖除虫害退笋，并将有虫笋移出竹林集中销毁，可以有效减少竹林中虫口密度。

（3）灯光诱蛾或性信息素诱杀。5—6月，在竹笋夜蛾成虫期，安装黑光灯（每公顷2盏）或设置成虫性信息素引诱剂（每亩2~3个诱捕器）诱杀成虫，效果很好。

（4）药剂防治。竹笋夜蛾的虫口密度较大时，4月初在竹笋夜蛾侵入竹笋之前，喷施8%的绿色威雷微胶囊剂或2%噻虫啉微胶囊悬浮剂可基本控制竹笋夜蛾的危害。该方法对于竹林母笋的保护效果最佳。

技术成效

技术高效、安全、可持续，防治效果达到92.8%，竹笋保存率提升30%。

杂草中竹笋夜蛾卵

竹笋夜蛾幼虫

设置性信息素引诱剂诱杀成虫

技术来源：中国林业科学研究院亚热带林业研究所

黄脊竹蝗综合治理技术

技术目标

黄脊竹蝗（*Ceracris kiangsu*）是我国第二大森林害虫，每年在我国局部竹区爆发成灾，造成重大的经济损失和生态灾难，为解决黄脊竹蝗的防控问题，研发了黄脊竹蝗的综合治理技术。该技术基于自行研发的黄脊竹蝗人工诱杀剂，综合了行为调节、生物防治及化学防治等多项技术手段，可实现黄脊竹蝗"绿色、高效、可持续"控制。

技术路线

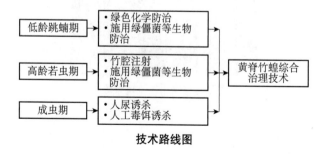

技术路线图

技术要点

（1）低龄跳蝉治理。1～2龄跳蝉期，在虫源地喷施25%灭幼脲3号胶悬剂，用药量为每300～375mL/hm²，加清水稀释至15～75kg；灭幼脲3号粉剂，用药量为300～450g/hm²，喷洒前加入填充剂15kg/hm²左右；或使用10%吡虫啉可湿性粉剂1 000倍液喷雾，使用1%锐劲特乳剂3 000倍液喷雾。施放阿维菌素点燃式烟剂，药量为3.0～4.5 L/hm²。

（2）高龄若虫防治。当跳蝉上竹后，可采取竹腔注药方法防治。根据虫情选取嫩梢较多的立竹，在基部第一节、第二节处，用手摇钻钻孔或马钉打孔，用注射器直接吸取5%吡虫啉乳油，按小、中、大竹子每株分别注药1～2mL、3～4mL、5～6mL到竹腔内防治若虫。

（3）成虫诱杀。黄脊竹蝗成虫期，特别是产卵之前，设置引诱剂诱杀竹蝗成虫。在竹蝗发生区，利用竹叶、稻草或竹节等载体浸蘸发酵30天的人尿（混配杀虫双）或黄脊竹蝗人工诱杀剂诱杀成虫，每隔10m摆设1份毒饵，2～3天更换诱杀剂，杀蝗效果显著。

技术成效

黄脊竹蝗诱杀毒饵，林间诱杀效果显著，单个诱捕器竹蝗诱杀量可达 590 头（林间竹蝗虫口密度 12 头 /m³），成本在 1.0 元以下。在湖南省桃江县、浙江省临安区及广东省广宁县的应用效果表明，综合治理技术灭蝗效果显著，成本低廉，且无环境污染。

黄脊竹蝗低龄跳蝻

黄脊竹蝗成虫诱杀

技术来源：中国林业科学研究院亚热带林业研究所

高地省藤苗木高效培育技术

技术目标

高地省藤（*Calamus nambariensis* var. *alpinus*）属于中径藤种（粗 3～4cm），藤茎质地中上等，是较好的编织原料。主要分布于云南省德宏傣族景颇族自治州、临沧市、西双版纳傣族自治州等地，海拔 1 350～1 900m 的常绿阔叶林中。印度、孟加拉等国亦产。通过科学的采种、种子处理、催芽、育苗等技术，可有效提高高地省藤优良苗木培育率，增加经济收益。

技术路线

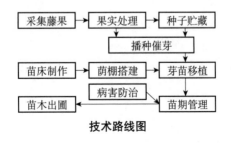

技术路线图

技术要点

1. 采种及其处理

（1）果实采集：果实 3—4 月成熟，成熟时果多黄白色或棕褐色。

（2）果实处理：采集后的果实宜用透气性良好的容器盛装，以免果实发酵降低种子活力。采集的果实一般应在 5 天内进行处理，可将藤果用湿沙揉擦、脱皮、去肉，清洗后获得干净种子；洗净后的种子禁止在太阳下暴晒，宜置于通风阴凉处晾干。

（3）种子贮藏：晾干后的种子，往往与湿沙、锯末或椰糠等保湿材料混合贮藏。贮藏温度控制在 15℃左右，贮藏时间一般不超过 3 个月。

2. 催芽育苗

（1）播种催芽：播种前用 0.3%～1.0% 的硫酸铜或用 0.05% 的高锰酸钾溶液对种子进行消毒，然后用清水将药物冲洗干净。播种时将种子均匀撒播于沙床上，以种子不重叠为原则，然后用木板将种子压入沙内，再覆盖细沙（厚度 1.5～2.5cm）。播种后应经常浇水保持沙床湿润，但应避免水柱直接冲击沙床。一般播种后 52～117 天发芽。

（2）苗床制作：苗床一般宽 1.0～1.2m，高30cm，长度根据林地而定。苗床要制作防洪沟，预防雨季沼苗。播种前用 0.05%～0.10% 高锰酸钾或 0.3%～1.0% 硫酸铜溶液喷洒苗床进行消毒。

（3）阴棚搭建：高地省藤苗期需要 50%～75% 左右的遮阴。在苗床上，搭建固定阴棚或简易阴棚达到遮阴效果。固定阴棚用水泥桩或镀锌管作支柱、铁丝为上层网格、遮阴网覆盖高度为2.5～3.5m，利于人员操作；简易阴棚可用小树干或大树枝作为支柱，用棕榈叶或者竺箕类植物作为覆盖物。如果次生林下遮阴较好，以大树遮阴，可以免除搭建阴棚。

（4）芽苗移植：催芽苗高 1.5～2.0cm，部分呈现绿色，但未展叶时为最佳移苗时间。移苗时，用水浇透沙床，拔出芽苗，如主根太长，可修剪保留根长 5～6cm，然后移入苗床（密度一般10cm×10cm）或者营养袋培育，并及时浇水。

3. 苗木管理

（1）苗期管理：保持一定肥力、遮阴、水分是培育优良苗木的保证。生长较好的管理方式有几种：① 50% 的遮阴，株行距 10cm×10cm，用0.8×10⁶CFU/mL 的 Y2 菌株蘸根处理，不施尿素和复合肥、施 2.0g/株过磷酸钙；② 75% 的遮阴，株行距 10cm×10cm，施 1.0g/ 株尿素，2.0g/ 株钾肥和 2.0g/ 株磷肥。③遮阴度 75%，株行距 5cm×5cm，喷施氮肥浓度 0.3% 和复合肥 0.9%。

（2）病害防治：苗期病害主要有叶枯病、环斑病和白斑病，需要采取相应措施。

（3）苗木出圃：苗木保留的活叶数达到 4 片、高度 30cm 以上即可出圃。如就地育苗种植，建议采取大苗（高 50～60cm）上山种植，效果更好。

技术成效

使用上述方法后，苗木培育出苗率显著提高，苗期生长加快，比常规培育提高 20%；可获得理想的效果。

待出圃苗木

成熟的藤果　　　　　　　育苗期苗木

技术来源：西南林业大学，德宏州林业科学研究所，国际竹藤中心

小省藤苗木高效培育技术

技术目标

　　小省藤（*Calamus gracilis*）属于小径藤种（带鞘径粗 1.5～2cm），藤茎质地优良，是编织藤器的优良原料。分布于云南省东南部至西部（富宁县、绿春县、江城县、勐腊县、盈江县），海南省中西部（琼中县、乐东县、昌江县霸王岭）；海拔 240～1 000m 的箐沟、杂木林、热带森林中。印度、孟加拉等国亦产。通过科学的采种、种子处理、催芽、育苗等技术，可有效提高小省藤优良苗木培育率，增加经济收益。

技术路线

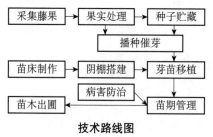

技术路线图

技术要点

1. 采种及其处理

（1）采集果实：小省藤果实5—6月成熟，成熟时果皮呈橙黄色或者红褐色。

（2）果实处理：采集后的果实宜用透气性良好的容器盛装，以免果实发酵降低种子活力。采集的果实一般应在5天内进行处理，可将藤果用湿沙揉擦、脱皮、去肉，清洗后获得干净种子；洗净后的种子禁止在太阳下暴晒，宜置于通风阴凉处晾干。

（3）种子贮藏：晾干后的种子，往往与湿沙、锯末或椰糠等保湿材料混合贮藏。贮藏温度控制在15℃左右，贮藏时间一般不超过3个月。

2. 催芽育苗

（1）播种催芽：播种前用0.3%～1.0%硫酸铜或0.05%高锰酸钾溶液对种子进行消毒，然后用清水将药物冲洗干净。播种时将种子均匀撒播于沙床上，以种子不重叠为原则，然后用木板将种子压入沙内，再覆盖细沙（厚度1～2cm）。播种后应经常浇水保持沙床湿润，但应避免水柱直接冲击沙床。

（2）苗床制作：苗床一般宽1.0～1.2m，高30cm，长度根据林地而定。苗床要制作防洪沟，预防雨季糟苗。播种前用 0.05%~0.10% 高锰酸钾或 0.3%~1.0% 硫酸铜溶液喷洒苗床进行消毒。

（3）阴棚搭建：小省藤苗期需要 70% 左右的遮阴。在苗床上，搭建固定阴棚或简易阴棚达到遮阴效果。固定阴棚用水泥桩或镀锌管作支柱，铁丝为上层网格，遮阴网覆盖高度为 2.5~3.5m，利于人员操作；简易阴棚可用小树干或大树枝作为支柱，用棕榈叶或者笮簊类植物作为覆盖物。如果次生林下遮阴较好，以大树遮阴，可以免除搭建阴棚。

（4）芽苗移植：催芽苗高 1.5~2.0cm，部分呈现绿色，但未展叶时为最佳移苗时间。移苗时，用水浇透沙床，拔出芽苗，如主根太长，可修剪保留根长 5~6cm，然后移入苗床（密度一般 5cm×10cm）或者营养袋培育，并及时浇水。

3. 苗木管理

（1）苗期管理：保持一定肥力、遮阴、水分是培育优良苗木的保证。管理配方：①遮阴度 90%，株行距 5cm×10cm×40cm，施 2.0g/株的复合肥以及 0.8×10^6CFU/mL 浓度的 Y2 菌株蘸根处理。②遮阴度 90%，株行距 5cm×10cm，施 3g/株过磷酸钙和 0.7g/株尿素。

（2）病害防治：苗期病害主要有叶枯病、环斑病和白斑病，需要采取相应措施。

（3）苗木出圃：苗木保留的活叶数达到 4 片、高度 30cm 以上即可出圃。如就地育苗种植，建议采取大苗（高 40～50cm）上山种植，效果更好。

技术成效

使用上述方法后，苗木培育出苗率显著提高，苗期生长加快，比常规培育提高 20%；可获得理想的效果。

培育中的苗木

未成熟果序　　　　　　　　**成熟果序**

技术来源：西南林业大学，德宏州林业科学研究所，国际竹藤中心

盈江省藤苗木高效培育技术

技术目标

盈江省藤（*Calamus nambariensis* var. *yingjiangensis*）属于大径藤种（带鞘经粗4～5cm），藤茎质地中上，是较好的编织原料，果肉酸甜可食。分布于云南省德宏傣族景颇族自治州、临沧市、西双版纳傣族自治州等地，海拔1 350～1 900m的常绿阔叶林中。通过科学的采种及处理、催芽、育苗等技术，可有效提高盈江省藤优良苗木培育率，增加经济收益。

技术路线

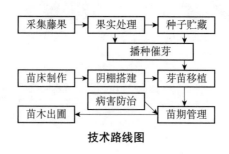

技术路线图

技术要点

1. 采种及其处理

（1）采集果实：盈江省藤省藤果实 11 月至翌年 1 月成熟，成熟时果皮呈乳白色。

（2）果实处理：采集后的果实宜用透气性良好的容器盛装，以免果实发酵降低种子活力。采集的果实一般应在 5 天内进行处理，可将藤果用湿沙揉擦、脱皮、去肉，清洗后获得干净种子；洗净后的种子禁止在太阳下曝晒，宜置于通风阴凉处晾干。

（3）种子贮藏：晾干后的种子，往往与湿沙、锯末或椰糠等保湿材料混合贮藏。贮藏温度控制在 15℃ 左右，贮藏时间一般不超过 3 个月。

2. 催芽育苗

（1）播种催芽：播种前用 0.3%～1.0% 硫酸铜或 0.05% 高锰酸钾溶液对种子进行消毒，然后用清水将药物冲洗干净。播种时将种子均匀撒播于沙床上，以种子不重叠为原则，然后用木板将种子压入沙内，再覆盖细沙，厚度为 2～3cm。播种后应经常浇水保持沙床湿润，但应避免水柱直接冲击沙床。播种后 85 天左右发芽。

（2）苗床制作：苗床一般宽 1.0～1.2m，高 30cm，长度根据林地而定。苗床要制作防洪沟，预防雨季沼苗。播种前用 0.05%~0.10% 的高锰酸钾或 0.3%~1.0% 的硫酸铜溶液喷洒苗床进行消毒。

（3）阴棚搭建：盈江省藤苗期需要 70% 左右的遮阴。在苗床上，搭建固定阴棚或简易阴棚达到遮阴效果。固定阴棚用水泥桩或镀锌管作支柱，铁丝为上层网格，遮阴网覆盖高度为 2.5~3.5m，利于人员操作；简易阴棚可用小树干或大树枝作为支柱，用棕榈叶或者笆簟类植物作为覆盖物。如果次生林下遮阴较好，以大树遮阴，可以免除搭建阴棚。

（4）芽苗移植：催芽苗高 1.5~2.0cm，部分呈现绿色，但未展叶时为最佳移植时间。移苗时，用水浇透沙床，拔出芽苗，如主根太长，可修剪保留根长 5~6cm，然后移入苗床（一般 10cm×10cm 密度）或者营养袋培育，并及时浇水。

3. 苗木管理

（1）苗期管理：保持一定肥力、遮阴、水分是培育优良苗木的保证。管理方式有几类：①遮阴度 50%，株行距 10cm×15cm，施 3.0g/株的复合肥以及 0.4×10⁶CFU/mL 浓度的 Y2 菌株蘸根处理；②遮阴度 50%，株行距 10cm×10cm×15cm，施 1.67g/株的复合肥；③遮阴度 75%，株行距 10cm×10cm×15cm，IBA 浓度为 0.25g/L、施

1.67g/ 株的复合肥。

（2）病害防治：苗期病害主要有叶枯病、环斑病和白斑病，需要采取相应措施。

（3）苗木出圃：苗木保留的活叶数达到 4 片、高度 30cm 以上即可出圃。如就地育苗种植，建议采取大苗（高 50～60cm）上山种植，效果更好。

技术成效

使用上述方法后，苗木培育出苗率显著提高，苗期生长加快，比常规培育提高 20%，可获得理想的效果。

成熟果实

阴棚下育苗

植株形态　　　　　　　　　　待出圃苗木

技术来源：西南林业大学，德宏州林业科学研究所，国际竹藤中心

竹资源遥感信息识别与提取技术

技术目标

　　竹资源分布的提取精度一直受到地形阴影及"同物异谱、同谱异物"等问题的制约，为了解决这些问题，研发了竹资源遥感信息识别与提取技术。通过遥感影像选择、"光谱片层"建立、专题信息提取等技术，可有效地提取竹资源信息，实现竹资源信息的高精度提取。

技术要点

　　（1）数据收集。收集研究区多源（如多光谱）多时相（如春季）遥感影像数据，空间分辨率不高于30m，云量＜5%为宜。

　　（2）数据处理。通过ERDAS软件对收集的影像进行常规化预处理，如几何校正、图像拼接、图像增强等。

　　（3）光谱数据库建立。利用光谱测定仪野外测定各植被类型光谱信息，建立光谱数据库，并将光谱与相应区域的影像灰度值进行匹配，确定可体现出各植被类型差异性的相应波段。

（4）最佳波段组合确定。通过相关分析法、标准差法和 OIF 指数分析法，确定适合于区域植被类型专题信息提取的最佳波段组合。

（5）"光谱片层"建立。采用阈值法、监督分类法等，分割出竹资源"光谱片层"。

（6）最佳纹理量确定。依据研究确定的"光谱片层"提取竹资源专题信息相应的纹理特征，通过香浓信息熵及其相关性分析，结合 OIF 指数分析法确定适合于区域竹资源专题信息提取的最佳纹理量。

（7）竹资源信息提取。基于"光谱片层"和最佳纹理特征，利用 ENVI 软件平台中的面向对象法实现竹资源信息的提取。

技术成效

技术简单、高效，在福建省永安市、顺昌县的应用效果表明，竹资源提取精度达 88% 以上。

技术路线

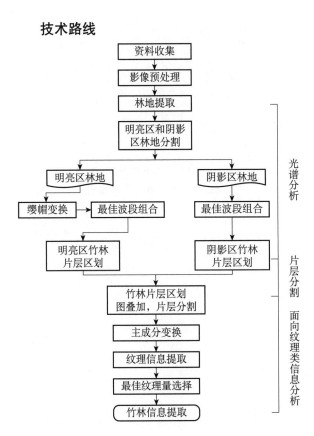

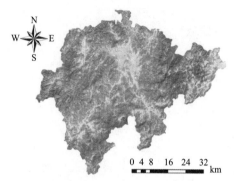

2008 年永安市 ALOS 影像图

竹资源提取结果

技术来源：福建农林大学，国际竹藤中心

第四篇
竹基新材料、新技术、新工艺

圆竹快速分级方法

技术目标

针对我国丰富的毛竹资源在不同的生长环境和基因条件下，圆竹竹竿的尺寸径级和密度的存在很大差异，对毛竹的加工和利用带来一系列的问题，根据其径级不同，将圆竹径级相同的归为同一等级，同时根据相同部位的毛竹圆竹的基本密度将其分为：高密度、中密度和低密度圆竹，根据径级将毛竹圆竹分为大径级、中径级和小径级。目的是达到竹材产品的性能均一和尺寸稳定，达到毛竹竹材的科学、合理、高效利用。

技术要点

（1）胸径测量：毛竹采伐前，在离地面 1.3m 处胸径测量部位标记。圆竹伐倒后，用围径尺测量胸径处竹节的周长。若 1.3m 正好在竹节处，则选择 1.3m 上下两个竹节的周长的平均值。

（2）胸径计算：$D = \dfrac{C}{\pi}$

式中，D 为直径（cm）；C 为周长（cm）；

π 为圆周率。

（3）竹材基本密度试样选取：截取 1.3m 处整个竹节，在平行段东、西、南、北 4 个方向点各截取 10mm×10mm×t mm，t 为竹壁厚值，在试样制作过程中要保持试样为饱水状态。

基本密度计算：$\rho_0 = \dfrac{m_0}{V_{\max}}$

式中，ρ_0 为试样的基本密度（g/cm³），准确至 0.001g/cm³；m_0 为试样绝干时质量（g），准确至 0.001g；$V_{\max}$ 为试样饱和水分时体积（cm³）。

（4）分级等级（表 1，表 2）。

表 1　毛竹竹竿围径等级

等　级	编　号	径级（mm）
小径级	D_1	$70 < D_1 \leqslant 80$
次小径级	D_2	$80 < D_2 \leqslant 90$
中径级	D_3	$90 < D_3 \leqslant 100$
中高径级	D_4	$100 < D_4 \leqslant 110$
大径级	D_5	$110 < D_5 \leqslant 130$

表 2　毛竹基本密度等级表

等　级	编　号	基本密度（g/cm³）
低密度	ρ_1	$0.40 < \rho_1 \leq 0.45$
中密度	ρ_2	$0.45 < \rho_2 \leq 0.55$
中高密度	ρ_3	$0.55 < \rho_3 \leq 0.65$
高密度	ρ_4	$0.70 < \rho_4 \leq 0.75$

技术来源：国际竹藤中心

一种界定竹黄与竹肉分界的技术

技术目标

我国是竹类植物最丰富的国家，在竹子的种类和数量上都居世界的首位。在当今科技越来越发达的时代，竹材的利用也愈加广泛，尤其是竹材人造板、竹材复合板、竹材装饰等领域的进一步开发，使竹材的应用有了更广阔的前景。然而，竹材在加工过程中有 1/2 的原料变成加工剩余物后弃之不用，其中以竹青、竹黄这两部分原料最多，这不仅增加了生产成本，而且造成了竹材资源的浪费。目前生产中，竹青竹黄的去除完全仅凭借工人的经验。而在对竹材的研究中，研究人员多将竹壁平均分为 3 份，分别以靠近竹内壁 1/3 的部位作为竹黄，靠近竹外壁 1/3 的部位作为竹青来展开研究，至今未见有具体方法对竹黄与竹肉进行分界。该技术提供了一种界定竹黄与竹肉分界的方法，既能有效提高竹材的利用，又减少了材料的浪费。

技术要点

（1）将竹样切片放在 Motic SMZ-168 图像测量系统中，测试从竹黄至竹青的维管束的分布密度、面积、周长的变化，其中维管束分布密度是计算每个网格中维管束个数；面积是每个网格中至少 3 个维管束面积的均值求得的，周长的计算亦是如此。

（2）将维管束分布密度、面积和周长的数据制成折线图，可发现在同一部位，其维管束的分布密度、面积和周长变化趋势一致，且在竹黄与竹肉附近出现清晰"拐点"，此"拐点"即为竹黄与竹肉的分界。

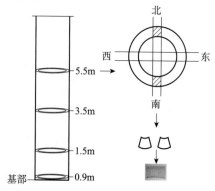

样品制备图

维管束测试图

技术来源：安徽农业大学

规格竹条的模量和密度分级技术

技术目标

规格竹条定义为：尺寸稳定，满足指定加工精度，无端部缺损、裂纹及腐朽等缺陷的精刨竹条。竹材的基本密度分布范围较广，为 $0.40 \sim 0.90 \mathrm{g/cm^3}$，且密度是决定竹材力学强度和干缩性的主要因子，因此为保证竹材产品的性能稳定性，对规格竹条进行密度和模量分级。

技术要点

（1）毛竹竹竿通过截断→破条→粗刨→干燥→精刨等工艺可制成截面为矩形，尺寸规则的精刨竹条（Milled bamboo strips）。

（2）规格竹条（Dimension bamboo strips）尺寸、性能和质量有明确的规定，主要用于竹结构材使用。要求精刨加工的竹条基本形状尺寸相同或在一定的误差允许范围内。

（3）分别测试每根竹条的重量，计算出其气干密度，分析其密度分布，并按照表1进行分类。

表 1 竹篾基干气干密度分级标准

等 级	D50	D55	D60	D65	D70	D75	D80	D85	D90
密度低值（g/m³）	0.50	0.55	0.60	0.65	0.70	0.75	0.80	0.85	0.90
密度高值（g/m³）	0.55	0.60	0.65	0.70	0.75	0.80	0.85	0.90	0.95
重量低值（g）	126	139	151	164	176	189	202	214	227
重量高值（g）	139	151	164	176	189	202	214	227	239

注：密度等级名称用 Dxx 表示，xx 为该等级密度低值乘以 100

（4）对完整截面的规格竹条进行径向抗弯模量测试，试样长度为160mm，跨后比为12，预加载至90N左右，以10N/s的加载速度施加载荷至200N，重复6次，计算100～200N的弹性模量值，最终值以后3次试验结果平均值计。按照表2进行分级。

表2　基于模量的密度分级标准

等　级		模量范围 （GPa）	密度范围 （g/cm³）	备　注
高模量区	1	10～13	0.80～0.90	高模·高密
	2	10～13	0.70～0.80	高模·低密
中模量区	3	9～10	0.70～0.90	中模·高密
	4	9～10	0.50～0.70	中模·低密
低模量区	5	6～9	0.55～0.65	低模·高密
	6	6～9	0.50～0.55	低模·低密

技术来源：国际竹藤中心

连续竹层板的阶梯错缝方法

技术目标

胶合竹层板的设计主要参照胶合木的设计原理进行。胶合竹层板是由规格竹条拼接而成，为获得连续长度的胶合竹层板产品，选用错缝拼接的方法，规格竹条通过首尾相接来延伸胶合竹层板的长度；然后预组单元之间再沿宽度方向拼宽；竹层板的厚度方向即规格竹条弦向。从而达到制备大尺寸竹质工程材料。

技术要点

（1）工艺流程

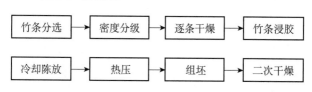

（2）胶合竹层板接长示意图：为保证任意1英寸（1英寸 =2.54 厘米）范围内节子的数量达到

最小值，选用 300mm 的错缝间距。

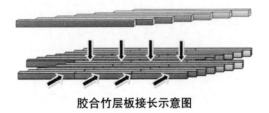

胶合竹层板接长示意图

技术来源：国际竹藤中心

竹集成材阻燃处理技术

技术目标

以竹条为基本单元制造的竹集成材是一种可燃性材料，在使用过程中存在一定的火灾隐患，为了解决这一问题，研发了竹集成材阻燃处理技术。该技术利用磷氮硼复配阻燃剂加压浸渍处理竹条，采用酚醛树脂和脲醛树脂作为胶黏剂，组坯热压胶合成板，大幅提高竹集成材的阻燃性能，产品还兼具防腐防霉性能。

技术要点

（1）竹条。4～5年生的毛竹经剖分、精刨为去青去黄的竹条，加工尺寸规格为1 000mm×20mm×5mm（长×宽×厚），含水率为8%～12%。

（2）阻燃剂复配。磷酸二氢铵:硼化物=7:3，其中硼化物为质量比1:1的硼酸与硼砂复合物，配置为10%～30%浓度的阻燃液，并在每种配置好的阻燃液中添加1%的三乙醇胺作为增强渗透剂。

（3）阻燃处理。将竹条放入加压浸渍罐，通过真空—加压浸入阻燃剂，处理工艺参数为：真空度 0.08MPa，真空时间 30min，加压压力 1.0MPa，保压时间 2h。

（4）浸胶。将阻燃处理后的竹条干燥至含水率 8% 左右，放入固含量 45% 左右的酚醛树脂胶中，浸胶时间 40min；在竹条上涂刷脲醛树脂胶，涂胶量 150g/m²，涂胶后立即组坯，然后陈放 20min。

（5）组坯。浸过胶的竹条和未浸胶的竹条交替排列，平行组坯成板。

（6）热压。采用单层热压机，热压时采用垂直加压和水平加压双向加压，正面压力为 10MPa，侧面压力为 5MPa。热压温度 130～135℃（酚醛树脂），100～105℃（脲醛树脂），热压时间为 20min。

（7）刨光。热压成型后的板材以双面刨刨削，获得平整清洁的表面。

竹条阻燃处理

阻燃竹集成材热压成型

阻燃竹集成材产品

技术来源：国际竹藤中心

竹集成材防腐处理技术

技术目标

竹集成材户外使用时容易发生腐朽，为了解决这一问题，研发了竹集成材防腐处理技术。该技术选用环保型水载防腐剂铜唑和季铵盐（ACQ），采用前处理竹条再胶合热压成板的制造工艺，大幅提高竹集成材防腐性能，延长竹集成材户外使用寿命，保障了竹结构建筑的安全。

技术要点

（1）竹条。4～5年生的毛竹经剖分、精刨为去青去黄的竹条，加工尺寸规格为1 000mm×20mm×5mm（长×宽×厚），含水率为8%～12%。

（2）防腐处理。配置铜唑和ACQ防腐剂的浓度为0.8%～1.5%，利用真空加压罐分别处理竹条，处理参数：抽真空至−0.08MPa，保持10min。处理压力0.7～1.0MPa，保压时间60min。

（3）竹条浸胶。防腐处理后的竹条干燥到含水率7.5%左右，捆扎完毕后放入酚醛树脂浸胶桶中，浸胶时间为40min，平均施胶量约为10%。

（4）组坯。浸过胶的竹条和未浸胶的竹条交替排列，竹青面和竹黄面相邻，弦面胶合，最外侧的两根均使用未浸胶的竹条。

（5）热压。热压机正面压力为10MPa，侧面压力为5MPa。热压温度130～135℃，热压时间为15min。

（6）压刨。热压成型后的板材以双面刨刨削，获得平整清洁的表面。

竹条防腐处理

防腐竹集成材

技术来源：国际竹藤中心

竹定向刨花型材柱的设计和制造

技术目标

重组竹、胶合竹等制备大尺寸型材柱具有较好的强度，但与传统胶合木相比，这些型材密度大，成本高，不具有竞争优势。基于竹材 OSB 板材进行型材的设计和制造，强度满足要求且具有显著的价格优势。

技术要点

（1）五心型材柱的设计。根据强度和承载能力的要求设计型材柱的规格尺寸，进而确定基本板材单元的宽度和厚度，以承载 200t 的五心型材柱为例简述制备方法，竹材 OSB 板材的宽度分别为 120mm、150mm、300mm，板材厚度 28.5mm，五心型材柱端面示意图如右下图所示。

（2）竹材 OSB 板材的裁锯。按照上述尺寸要求将竹定向刨花裁锯成相应的宽

五心型材柱端面示意图

度，精度控制在 ±0.2mm。

（3）竹材 OSB 板材的层钉胶合。①主要材料及工具：钢排钉、胶黏剂（聚氨酯、双组分环氧或间苯二酚及其他冷压胶黏剂）、气钉枪、空气泵及定位装置。②主要工艺：上述五心柱型材主要由两部分组成，一部分为层钉 OSB 胶合柱，由宽度为 120mm 和 150mm 的两种板材分别经淋胶层钉胶合而成，最后再经用层钉工艺后组成五心柱型材，主要工艺如下图所示。

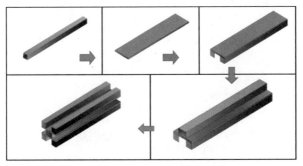

五心型材柱制造主要工艺示意图

技术来源：国际竹藤中心

竹定向刨花梁材的设计和制造

技术目标

竹材定向刨花板（OSB）具有较大的幅面，长度可以设计，基于竹 OSB 制备梁材，其强度高，成本可控，具有较广阔的应用前景。

技术要点

（1）竹 OSB 工字梁。建筑上最为常用的是工字梁，其尺寸稳定，承载能力强。以竹 OSB 为基本单元制备工字梁示意图如下图所示，主要采用的是胶合层钉工艺。

（2）竹 OSB 板材的裁锯。单腹板梁的规格和尺寸可以根据实际强度需要进行设计。本例中将 OSB 板材锯切成 3 种宽度序列：中间板材宽度为 300mm，

竹 OSB 单腹板梁示意图

厚度为 30mm；顶层和底层板材宽度为 150mm，厚度为 30mm；最小的一种板材宽度为 60mm，厚度为 15mm。

（3）主要材料及工具包括钢排钉、胶黏剂（聚氨酯、双组分环氧或间苯二酚及其他冷压胶黏剂）、气钉枪、空气泵及定位装置。

（4）工艺。①步骤一：将最小宽度板材（60mm）与中间板材（宽度300mm）进行层钉胶合，组成"U"字形单元后，翻转180°，再按相同的方法层钉胶合。②步骤二：将宽度为150mm的OSB板材层钉至步骤一中图（D）所示的单元上，两层胶合完毕后，翻转180°，再进行另外两层的层钉胶合，每次层钉均需要在定位装置中完成，放置错位及滑动，主要工艺如下图所示。

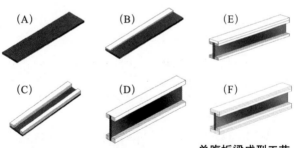

单腹板梁主要工艺步骤一示意图

单腹板梁成型工艺
步骤二示意图

技术来源：国际竹藤中心

竹定向刨花板覆面的 SIP 墙体

技术目标

以木质 OSB、重组竹及竹帘胶合板为墙体面板、聚苯板为保温芯层，设计并制作 3 层竹质结构墙体，对比测试和分析了单元材料的导热系数、墙体传热系数、拉伸黏结强度、弯曲强度及墙体在单调水平及低周往复载荷下的抗剪性能，为设计、开发和推广新型竹质建筑墙体提供了科学依据。

技术要点

（1）根据 ISO22452—2011《木结构　结构保温板墙体　测试方法》进行，测试比较 3 种覆面材料组成的复合结构板的抗拉强度、抗剪强度、过梁抗弯性能和墙体抗剪性能。

（2）根据 GB/T 10295—2008《绝热材料稳态热阻及有关特定的测定　热流计法》对试验的热阻及导热系数进行测试。

（3）按 GB/T 10295—2008 的要求，采用直接检测热流计法对在实验室稳态热箱装置中的墙体试件保温性能进行评价。在一维稳态条件下通过热流计的热流 E，即为通过被测对象的热流，该热流平行于温度梯度方向，不考虑向四周扩散。记录通过热流量的热流，热流计冷端和热端温度，进而计算试件的热阻和传热系数。在获得单元材料导热系数、墙体实测传热系数基础上，通过传热系数理论计算，对用于不同热工区的墙体开展节能设计研究。

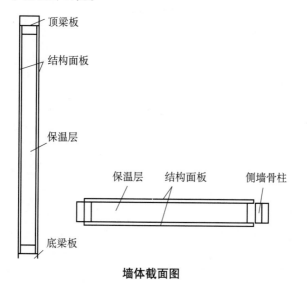

墙体截面图

墙体试件

技术来源：国际竹藤中心，国家林业局林业机械研究所

竹材定向刨花板环保型防腐防霉技术

技术目标

竹材定向刨花板性能优良、环境友好，但是由于竹材中含较多淀粉和多糖，致使其天然耐久性差。为了解决这一问题，研发了竹材定向刨花板的环保型防腐防霉技术。该技术利用防腐剂硼酸锌、铜唑、季铵铜（ACQ）或环烷酸铜在施胶前后处理竹刨花，大幅提高竹定向刨花板防腐性能，产品还兼具一定的防霉性能。

技术要点

（1）竹材刨花：以4年生毛竹为原料，加工成尺寸为（60～70）mm×（15～20）mm×（0.6～0.8）mm的竹刨花，干燥至4%含水率。

（2）胶黏剂：所用胶黏剂为酚醛树脂（使用量6%）、脲醛树脂（使用量8%）、异氰酸酯（使用量5%），石蜡乳液（使用量1%）。

（3）防腐处理：在拌胶机中将防腐剂（铜唑、ACQ或环烷酸铜）和石蜡施加到刨花表面，硼酸锌则单独喷洒在胶黏剂和石蜡处理后的刨花表面。铜唑使用量为 1.0～2.2kg/m³，季铵铜使用量为 2.8～5.2kg/m³，环烷酸铜使用量为 0.6～1.25kg/m³，硼酸锌使用量为 0.5～1.5kg/m³。

（4）热压。设定刨花板密度为 800kg/m³，幅面尺寸为450mm×450mm×10mm，板坯为 3 层结构。热压压力为 3.5MPa，热压时间 6.5～7.5min，温度 150～160℃。

环保型防腐防霉竹材定向刨花板生产线与产品

技术来源：国际竹藤中心

竹结构材的封端原理和方法

技术目标

由于竹材水分传递的方向与木材差异大，纵向水分传递速度快，弦向和径向慢。在干缩时，竹材端头干缩快，内部慢，造成干缩损伤和裂纹，特别是在大截面的竹结构材，端头处干缩损伤和裂纹形成胶合截面的开裂，导致使用寿命变短，采用封端的方法，可保持竹结构材处于稳定的低含水率状态，从而保证了胶合竹的使用寿命。

技术要点

（1）封端胶的选择。封端胶具有较好的流动性和气密性，易于形成致密的胶膜，且具有一定的耐水及耐酸碱性。

（2）涂饰的方法。根据封端胶的分子量及黏度大小，选择涂饰的工具以便于控制胶层的厚度。通常为刷涂、刮涂，另外根据材料表面积的大小及涂胶量的多少，选择不同的拌胶工具及容器。

（3）涂饰的部位。通常情况下需要在竹材及其制品的端头涂饰，户外使用的产品通常全部涂饰。

技术来源：国际竹藤中心

竹结构材料的植筋连接方法

技术目标

胶合植筋连接技术是将金属杆等植入预先钻孔的基材中,并灌入胶黏剂,使三者形成一个稳定的连接体,具有连接强度高,刚度大,外观性能佳,并且具有一定的防火、防腐蚀能力,能够抵抗弯曲、扭转等载荷。胶合植筋连接技术理论研究以单杆植筋为主,这样更有利于确定影响植筋连接相关性能的参数。

技术要点

(1)胶合植筋连接双端拉伸试件的制作工艺主要包括胶合竹刨切、锯断、试件两端开孔、孔除尘、注入胶黏剂,植入螺纹杆等。

(2)植筋。螺纹杆在实际的应用过程一般不做特殊处理。本试验中也遵循这一原则,如不做除油等处理。在加工好的试件各端面的4个顶点处各拧入1枚具有一定长度的自攻丝。此举旨在借助钢丝来固定拧入后的植筋杆,确保其具有一定的垂直度。

（3）胶合植筋双端拉伸试样如图，其中 Da 和 Ds 为打孔的直径，d 和 D 为两端螺纹杆的直径，La 和 Ls 分别为测试端和支撑端的植入深度。其中 $D=1.5d$，$Ls=1.2La$，$Lm=1.4La$。两端钢筋露出 100mm，便于测试时夹持。

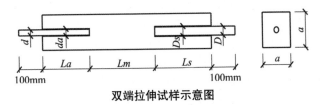

双端拉伸试样示意图

双端植筋试样

技术来源：国际竹藤中心

重组竹螺栓连接技术

技术目标

节点连接是竹木结构设计的关键，整体建筑结构的破坏大多都起源于节点连接的失效或破坏。研究重组竹螺栓连接节点特性，分析各因素对销槽承压、螺栓连接节点承载性能的影响，观察破坏模式，探究破坏机理，评价现行木材螺栓连接计算公式对重组竹螺栓连接承载性能预测的适用性，推导适合于重组竹销槽承压强度的理论计算公式，为螺栓连接在现代竹结构中的应用提供一定的参考，也为竹结构用螺栓连接性能的改善、新型竹结构连接件的开发，提供可靠的理论依据。

技术要点

（1）总结了端距、主构件厚度及螺栓直径等因素对单螺栓承载性能（初始刚度、屈服后刚度、屈服载荷、极限载荷及延性率）影响的显著性，并推荐重组竹螺栓连接节点的主构件厚度设置为90mm。单螺栓连接节点的有效破坏模式主要有两种，即"一铰"和"二铰"屈服模式，此时主构件和螺栓均能充分发挥材料的力学性能，是合理的破坏模式。

（2）Foschi模型能较好模拟单螺栓连接节点承载曲线变化，能反映出弹性区域和屈服后节点特性，并将弹性向塑性的转变过程直观地表现。试样的承载力实测值明显大于各国理论计算值，分别为美国规范、加拿大规范和中国规范的5.93～20.23倍、1.07～5.07倍和1.11～5.79倍。

（3）得出螺栓列数、行距、间距及每列螺栓数等因素对多螺栓连接节点的承载性能影响变化趋势。随着螺栓间距的增大，试样的破坏形态由列开裂和单铰屈服破坏的混合模式逐渐向单纯的铰破坏演变。多列螺栓随着螺栓列数的增多，会由单列开裂向两边列劈裂演变；随着列间距增大，试样的开裂破坏逐渐消失，只产生销槽承压破坏和铰屈服破坏。由于多螺栓连接节点在承载过程中载荷分布不均，导致各螺栓的变形不均匀，中间螺栓的变形小于端部螺栓的变形。

（4）随螺栓数量的增多，试样载荷—位移曲线的屈服阶段愈加短暂，有些试样几乎从线弹性阶段直接进入破坏阶段，此外Foschi模型也能较好模拟多螺栓连接节点承载曲线变化，最后结合单螺栓的承载性能，确定多螺栓连接节点的有效螺栓数和折减系数。

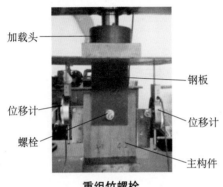

重组竹螺栓

技术来源：中国林业科学研究院木材工业研究所

竹编胶合板足尺测试技术

技术目标

竹编胶合板应用于结构中，强度特征值是其最重要力学性能指标之一，可直接反映材料的强度等级大小。通过对竹编胶合板的足尺强度测试和强度概率分布的确定，建立了竹编胶合板均布载荷性能测试技术。

技术要点

（1）试验装置由真空仓、支撑支座、真空表、真空泵等组成。其中，真空仓由一定强度和刚度的金属材料制成的上表面开敞的槽，试验覆板作盖板。试验时，用厚度为 0.15mm 的聚乙烯薄膜覆盖密封，周边用金属密封圈套压形成密封舱；支撑支座用于按试验跨距要求，支撑试验覆板平置在真空仓上，并与其紧密接触，防止试验时转动或下挠；真空泵使试验覆板下面的真空仓形成负压；千分表显示试验覆板在负压作用下的挠度值。

（2）干态：试板在（20±1）℃和（65±5）%

相对湿度的条件下，调节至少2周，使其达到恒重。湿态重新干燥：将板材表面喷水，连续3天处于湿态，为避免板材表面局部含水率不均，将处于湿态3天的试板重新调节到干态状态。

（3）竹编胶合板屋面板的均布载荷性能：干态条件规定载荷下挠度值为1.524mm，性能优于标准规定的2.5mm。竹编胶合板楼面板均布载荷性能：干态条件规定载荷下挠度值为1.678mm，满足标准规定的1.7mm；湿态重新干燥条件下，规定载荷下挠度值为2.509mm，超出标准规定；干态条件下的均布载荷性能优于湿态重新干燥条件下的均布载荷性能。

竹编胶合板

技术来源：中国林业科学院木材工业研究所

结构用竹木复合层积材

技术目标

近期开发的重组竹等竹质结构工程材料强度性能较好，但也存在成本高、密度大等问题，为了降低成本更加高效地利用竹材，开展结构用竹木复合层积材研究，获得合理的竹木复合层积材制备方法和评价技术，从而为开发结构用竹木复合层积材产品和编制标准提供依据。

技术要点

（1）竹束杨木单板浸酚醛树脂胶粘剂组坯后热压一次成型制备竹木复合层积材，气干密度为0.76g/cm³左右，平行胶层加载方向静曲强度分别达144.7MPa，大大超过国家标准GB/T 2024.1—2006《单板层积材》最高弹性模量等级180E的优等品规定的静曲强度值67.5MPa，弹性模量达140E，综合评定强度等级为140E；气干状态和水煮后水平剪切强度等级均超过和达到该标准最高等级65V-55H，远高于杨木单板层积材的弯曲强度等级90E和水平剪切强度50V-43H，强重比高于重组竹。

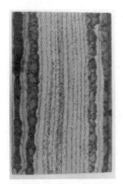 

竹束杨木单板复合层积材　　　**重组竹增强杨木单板层**

（2）加入厚度占比33.3%重组竹增强杨木单板层积材的复合材气干密度为0.80g/cm³左右，比重组竹密度下降了40%，弯曲强度等级为160E，水平剪切强度超过该标准最高等级65V-55H，与杨木单板层积材比较抗弯弹性模量提高了1倍，抗弯强度提高了40%，通过竹木复合技术可以大幅提高单板层积材的强度等级。

技术来源：中国林业科学院木材工业研究所

竹木层合板设计与制造

技术目标

利用经典层合板理论，分别建立竹木层合板的弹性模量和静曲强度的预测模型，编制基于 VB 的竹木层合板力学性能预测程序。采用有限元方法，对竹木层合板弯曲行为进行分析和结构优化设计，得出基于有限元分析的竹木层合材料弯曲性能的预测方法，并用竹重组材 /OSB 集装箱底板的实例验证，为开发竹木层合板工程结构材料提供科技支撑。

技术要点

（1）提出以竹重组材和 OSB 为复合单元制造竹重组材 /OSB 复合材料理念，探讨复合材料的设计、工艺、性能和应用。

（2）在研究毛竹和重组后竹材的基本物理力学性能基础上，比较两者在微观构造和性能上的差异，研究毛竹重组材和杨木 OSB 结构特性和表面性能。

（3）基于产业化前景的考虑，从工艺条件和生产成本两方面，分别对热压和冷压生产过程进行分析，研究适合毛竹重组材和杨木 OSB 材料特性的胶合工艺及复合形式对复合材性能的影响。

（4）在明确竹重组材 /OSB 复合材料制备工艺的基础上，利用经典层合板理论，分别建立竹木层合板的弹性模量和静曲强度的预测模型，编制基于 VB 的竹木层合板力学性能预测程序。

（5）采用有限元方法，对竹木层合板弯曲行为进行分析和结构优化设计，得出基于有限元分析的竹木层合材料弯曲性能的预测方法，并用竹重组材 /OSB 集装箱底板的实例验证。

BS 和 OSB 材料示意图

技术来源：国际竹藤中心，国家林业局林业机械研究所

三种木材齿板连接技术

技术目标

通过落叶松、铁杉和 SPF 3 种木材齿板连接力学性能对比研究，为利用国产木材制作桁架构件提供了基础数据和开展桁架用竹质工程材料的设计和试验方法研究提供了技术参考。

技术要点

（1）兴安落叶松、铁杉、SPF 3 种材料规格材，规格1（顺纹顺齿）：38mm×89mm×310mm（厚×宽×长），规格2（顺纹逆齿）：38mm×140mm×310mm（厚×宽×长）。

（2）齿板采用 Mitek 公司生产的 M-20 齿板，基本厚度为 0.91mm，平均每平方厘米有 1.24 个齿，齿长 8.4mm，齿宽 3.2mm，齿板规格采用 50mm×100mm。安装齿板时，应将齿板全部压入木材，齿板与木材间无间隙，采用辊压的方法将齿板压入木材。

（3）根据 GB 50005—2003《木结构设计规范》附录 M 对齿板实验的要求，节点构造方式采用荷载平行于木纹和齿板主轴、荷载平行于木纹但垂直于齿板主轴两种情况，分别测试齿极限承载力和齿抗滑移承载力。

（4）试验采用万能力学试验机型号 WDW-300E，采用电子引伸计记录连接处位移变化。

（5）利用软件将实验数据进行拟合，得到 3 种木材在顺纹顺齿和顺纹逆齿两种情况下的荷载—位移曲线。

（6）在发生齿拔出破坏的前提下，国产铁杉的齿极限承载力、齿抗滑移承载力及节点延性 3 项力学性能都明显优于进口 SPF，落叶松在齿极限承载力、齿抗滑移承载力也明显高于进口 SPF，延性方面与 SPF 相当。

技术来源：国际竹藤中心，国家林业局林业机械研究所

竹丝装饰材料表面涂饰防霉技术

技术目标

竹丝装饰材料色泽淡雅，形式变化多样，具有流畅、活泼、柔软等特点，符合现代人审美感受，是一种环保型的新型生态装饰材料，越来越多地应用于家具生产和室内装饰领域。然而，竹材在潮湿环境下使用时易发生霉变，影响外观质量。因此本研究开发出新型高效环保的竹丝表面涂饰防霉技术，采用自主研发的硅丙乳液防霉涂料进行涂饰，能够大幅提高竹丝装饰材料的防霉性能。乳液涂料为水性涂料，低毒环保，涂膜透明度高，耐水性和耐候性好，应用前景广阔。

技术要点

（1）采伐6年以上的毛竹，经过横截、开片、剖分、拉丝处理、蒸煮漂白、烘干或晾晒、染色、碳化和抛光等处理工艺，制备出表面光滑的竹丝，竹丝大小根据用途而定，直径一般在1~2.5mm。

（2）通过有线编织或无线编织，将竹丝横向编织为不同图案的竹帘，然后胶合衬制成竹丝装饰材料。

（3）以丙烯酸酯为主体，添加可聚合的有机硅烷偶联剂单体进行改性，经乳液聚合得到水性乳液，调节 pH 值至弱碱性，得到硅烷改性的丙烯酸酯乳液。然后用 200 目筛网过滤，加入一定量的成膜助剂。将防霉剂分别按 0.5% 的质量分数加入到硅丙乳液中，分散均匀，制备出硅丙乳液防霉涂料。

（4）采用硅丙防霉乳液涂料对竹丝单元进行涂刷处理，涂刷量为 $200\sim250g/m^2$，涂刷好的样品避光放置，通风气干 2 周。

（5）对防霉处理后的竹丝单元进行印花、喷漆等后处理，制作成最终产品。

竹丝装饰材料应用实景

硅丙防霉乳液

竹丝单元

涂刷处理

竹丝单元防霉处理工艺

技术来源：国际竹藤中心

一种毛竹圆筒材的干燥技术

技术目标

干燥是改善材料物理力学性能、减少材料降等损失、提高材料利用率、保障制品质量的重要环节，是合理利用材料、节约材料的重要技术措施，是生物质材料加工生产中的重要工序。当前我国对竹质人造板、竹碳、竹醋等研究得较多，结构单元上一般多为竹片、竹篾和碎料等形式，对圆筒材干燥的研究鲜见报道。该技术提供了一种对圆筒竹材干燥的方法，能有效提高竹材的利用。

技术要点

一种毛竹圆筒材干燥的方法，选择毛竹圆筒材长度为450～500mm，圆筒材初含水率大于50%，整个圆筒材干燥过程分为3个阶段。

（1）第一阶段为预热阶段，时间12h，相对湿度控制在60%，温度50℃。

（2）第二阶段为干燥阶段，时间13～56h，相对湿度控制在45%，温度50℃，其中，在

13～24h 阶段，相对湿度控制在 45%，温度 50℃；在 25h 阶段，进行调湿处理，相对湿度控制在 60%，温度 50℃；在 26～56h 阶段，相对湿度控制在 45%，温度 50℃。

（3）第三阶段为平衡处理阶段，时间 24h，关闭温度和相对湿度，让试样在干燥窖中静置。

技术来源：安徽农业大学

第五篇

藤基新材料、新技术、新工艺

棕榈藤材增强改性剂制备技术

技术目标

针对低质棕榈藤材密度小、强度低等问题，利用低分子量聚乙二醇改善三聚氰胺脲醛树脂（MUF）的韧性，制得一种无色透明、浸渍改性用、水溶性好、储存期长、易于浸渍渗透、可增强保韧的新型三聚氰胺改性脲醛树脂。在明显提高藤材强度的同时，几乎不损伤藤材本身的韧性，解决了藤材强度低、脆性大的问题，可使劣材优用，拓宽可利用藤材品种及藤制品使用范围，节约藤材资源，提高藤材产品价值。

技术要点

（1）以三聚氰胺、甲醇、甲醛、有机硅、聚乙二醇、尿素为原料，其摩尔比为 $1 : (2 \sim 3) : (2 \sim 3) : (0.1 \sim 0.4) : (0.1 \sim 0.4) : (1 \sim 2)$。

（2）将三聚氰胺和甲醛加入反应釜中充分搅拌，用氢氧化钠水溶液调节 pH 值为 8.5～9.5，加热至（80±5）℃，反应 30～50min。

（3）加入聚二甲基硅氧烷，用氢氧化钠水溶液调节 pH 值为 8～9，加热至（80±5）℃，反应 20～40min。

（4）加入低分子量聚乙二醇，用氢氧化钠水溶液调节 pH 值为 8～9，加热至（80±5）℃，反应 20～40min。

（5）加入甲醇和占尿素总量 70%～90% 的第一批尿素，用氢氧化钠水溶液调节 pH 值为 11～12，加热至（70±2）℃，反应 30～90min。

（6）降低反应釜内温度至（65±2）℃，加入盐酸调节 pH 值为 8.5～9.5，加入剩余尿素，充分搅拌并溶解后，加入盐酸调节 pH 值为 7～8。

（7）监测反应液的水溶倍数，当水溶倍数为 5～8 时，降温至 40～50℃，加入氢氧化钠，调节溶液 pH 值为 9～10，出料，得到浸渍用新型三聚氰胺改性脲醛树脂。

（8）将改性三聚氰胺脲醛树脂液调配成固体质量百分比为 10%～30% 的水溶液，得棕榈藤材增强改性剂，对藤材进行浸渍处理和干燥，得到增强改性藤材。

技术来源：国际竹藤中心，中国林业科学研究院木材工业研究所

棕榈藤材树脂型染色剂制备技术

技术目标

　　针对低质棕榈藤材质软、易发霉、易腐朽、易变色、易燃等固有缺陷，利用三聚氰胺改性脲醛树脂作为增强改性剂主剂，加入染料复配，制备了一种可同时增强、染色的藤材树脂型染色剂，在提高藤材密度、强度和尺寸稳定性的同时，还可根据用户需要调整颜色，赋予其良好的表面装饰特性，可使藤材品质明显提高，广泛应用于家具、室内装饰行业等高附加值产品加工，具有操作简单，易于实现，生产成本较低，生产过程节能、环保等优点，经济效益明显。

技术要点

　　（1）按原料重量配比为 30～50 份甲醛、30～50 份三聚氰胺、30～50 份甲醇、10～20 份尿素、10～20 份阻聚剂和 40～60 份水备料；将三聚氰胺和甲醛加入反应釜中，加入 20% 质量分数的氢氧化钠溶液调 pH 值到 9.2，升温搅拌，使温度保持在 75℃，反应 60min。

（2）加入甲醇和占尿素总重量 50% 的部分尿素，加入 40% 质量分数的氢氧化钠溶液调 pH 值到 12 以上，反应釜温度保持在 65℃，反应 60min。

（3）反应釜降温，温度保持在 60℃，再加入 10% 质量分数的盐酸，调节 pH 值为 8～9。

（4）在反应釜中加入剩余尿素，加入 10% 质量分数的盐酸调 pH 值为 7.5，反应 30min，检验反应液的水溶倍数。

（5）当反应液与水的比为 1∶（5～8）时，或反应时长达 60～90min 时，反应釜降温冷却至常温。

（6）加入 20% 质量分数的 NaOH 溶液调 pH 值到 11，加入阻聚剂，获得改性三聚氰胺脲醛树脂。

（7）将按质量计的 10～35 份改性三聚氰胺脲醛树脂，加入 40～70 份水调配成树脂溶液。

（8）在树脂溶液中加入按重量份计的 1～10 份水溶性染料、10～20 份水、1～10 份染色助剂、1～10 份阻燃剂加热搅拌并充分混合得到浸渍改性用树脂型染色改性剂。

（9）对藤材进行浸渍处理和干燥，获得增强—染色—体化改性。

技术来源：国际竹藤中心，中国林业科学研究院木材工业研究所

棕榈藤材多效改性剂制备技术

技术目标

针对低质棕榈藤材质软、易发霉、易腐朽、易变色、易燃等固有缺陷，利用三聚氰胺改性脲醛树脂作为增强改性剂主剂，加入染料、防霉防腐剂、阻燃剂等功能性助剂复配，制备了一种同时具有增强、染色、阻燃、防腐效力的多效藤材改性剂，通过浸渍处理实现了藤材的多效一体化改性；在提高藤材密度、强度和尺寸稳定性明显的同时，还赋予其阻燃、防腐及良好的颜色装饰等性能，可使藤材品质明显提高，广泛应用于家具、室内装饰等行业，应用前景广阔。

技术要点

（1）三聚氰胺、甲醇、甲醛、尿素原料的摩尔比为 1:（2～3）:（2～3）:（1～2）。

（2）将三聚氰胺和甲醛加入反应釜中充分搅拌，用氢氧化钠水溶液调节 pH 值为 8.5～9.5，加热至（80±5）℃，反应 30～50min。

（3）加入甲醇和占尿素总量 70%～90% 的

第一批尿素，用氢氧化钠水溶液调节 pH 值为 11～12，加热至（70±2）℃，反应 30～90min。

（4）降低反应釜内温度至（65±2）℃，加入盐酸调节 pH 值为 8.5～9.5，加入剩余尿素，充分搅拌并溶解后，加入盐酸调节 pH 值为 7～8。

（5）监测反应液的水溶倍数，当水溶倍数为 5～8 时，降温至 40～50℃，加入氢氧化钠，调节溶液 pH 值为 9～10，出料，得到浸渍用三聚氰胺改性脲醛树脂。

（6）将改性三聚氰胺脲醛树脂液调配成固体质量百分比为 10%～30% 的水溶液，得棕榈藤材多效改性剂主剂。

（7）依次加入 0.05%～2% 的酸性染料、3%～8% 硼酸／硼砂等功能性助剂，制备出具有增强、染色、防腐、阻燃等多种效力为一体的新型棕榈藤材多效改性剂，通过真空加压浸渍处理，使药液充分渗透至藤材内部。

（8）对处理藤材进行梯度升温干燥，经80～120℃高温固化，使功能性改性成分充分固结于藤材内部，得多效改性棕榈藤材。

多效改性棕榈藤材

技术来源：国际竹藤中心，中国林业科学研究院木材工业研究所

棕榈藤材热处理技术

技术目标

针对棕榈藤材颜色单一、易发霉、易腐、易变色等固有缺陷，参照木材热处理技术，对棕榈藤材进行热处理，通过对处理温度、保温时间的调控，制备出不同颜色深浅变化的棕榈藤材，掩盖藤材的疤节、变色等缺陷，提高藤材的稳定性，赋予藤材良好的色彩装饰性能，提高藤材的利用率，拓宽可利用藤材品种及藤制品使用范围。

技术要点

（1）预处理。将干燥好的藤材加工成使用要求所需的规格尺寸，按照设备腔体的尺寸隔层均匀摆放。

（2）温度调控。抽空热处理炉的空气至真空状态并输入氮气作为保护气体，以每分钟4℃的速度升温至最高处理温度。处理温度、保温时间根据对藤材使用颜色深浅的要求进行调控，可分别设置为190℃、200℃、210℃和220℃，达到设定的温度后进行保温处理，保温时间可分别为

1h、2h、3h、4h，待自然冷却至室温后取出。

（3）养生。将处理后的藤材放置养生房存放一段时间，达到平衡含水率后，即可使用，或使用塑料薄膜包装存放。

热处理设备生产线

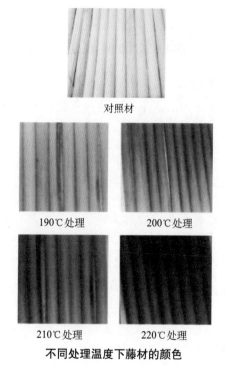

对照材

190℃处理　　　　　　200℃处理

210℃处理　　　　　　220℃处理

不同处理温度下藤材的颜色

技术来源：国际竹藤中心，安徽农业大学

棕榈藤装饰材制造技术

技术目标

将原藤加工成不同规格的藤片、半圆藤等单元材料，运用拼贴、冷压（或热压）等工艺在基材表面形成棕榈藤材装饰面，再通过裁切、修整、砂光等工艺加工成规格装饰材。形成装饰面的藤材可通过高温热处理、染色等技术对颜色进行调控；装饰面图案可以进行多样化设计。该项技术制备的棕榈藤装饰板材质感质朴、生态自然，图案色彩变化多样，可广泛应用于家居装修的地面、墙面和顶面，以及家具的装饰面。

技术要点

（1）单元材料的制备。①藤片的制备：优选直径大于 5cm 的豆腐藤（棕榈藤的一种），截断为 32cm 左右的藤段，运用平面刨刨出两个垂直为 90° 的基准面，运用小型开料锯开出 20mm×20mm 三面垂直的方料，最后一个面留作加工余量，运用小型开料锯开出 5mm 厚的藤条，备用。②半圆藤条的制备：优选直径 10~16mm，经磨皮后，截断为 420mm 左右半圆藤条，去除表面毛刺，砂光，备用。

（2）基材准备：选 9mm 厚的木质胶合板或中密度板，优选三聚氰胺纸双层热压于基材背面，将贴有三聚氰胺纸的基材加工成 300mm×300mm（藤片装饰板基材）或 400mm×400mm（藤条装饰板基材）的方板备用。

（3）拼贴：将基材均匀施胶后，再将藤片或藤条按照一定的图案排列粘合在基材表面。

（4）冷压：将拼贴好的棕榈藤藤片或藤条复合装饰板均匀放入冷压机，将压力设置为 1.5～2.5MPa，待胶黏剂固化后取出。

（5）砂光：用自动砂光机将藤片或藤条装饰面砂光。

（6）修边：用修边机按相同规格将不平整板材的毛边进行修整。

（7）表面涂饰：采用手工或自动 UV 油漆线对板材装饰面进行涂饰。

藤片复合装饰板

藤条复合装饰板

技术来源：国际竹藤中心，安徽农业大学，中国林业科学研究院木材工业研究所

第六篇

竹材化学利用新技术

碱回收白泥精制纸张碳酸钙填料技术

技术目标

碱回收白泥是造纸行业中碱回收工段的固体废弃物，它能够替代轻质碳酸钙（PCC）作为纸张填料，目前已经在多个制浆造纸联产的企业得到应用，经济与环境效益明显。然而，企业的生产实际显示，碱回收白泥精制所得的白泥碳酸钙填料加填后，会显著降低湿部化学助剂（尤其是AKD 施胶剂）的使用效率。通过碱回收白泥精制纸张碳酸钙填料技术改善白泥碳酸钙填料的品质，实现造纸企业碱回收白泥的就地彻底消化。

产品特征

通过本技术显著改善了白泥碳酸钙填料的表面结构，在比表面积基本不变的情况下，降低孔体积约 20 倍、平均孔径约 3 倍，提高了白泥碳酸钙填料应用性能。

工艺流程

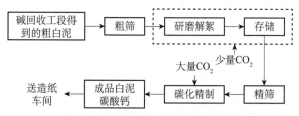

碱回收白泥精制碳酸钙填料工艺流程

原工艺　　　　　　本工艺

白泥碳酸钙填料的微观形貌（×50 000 倍）

技术来源：陕西科技大学

聚合硫酸铝改性膨润土绿液除硅技术

技术目标

本除硅方法针对制浆造纸过程的绿液除硅，具有操作简单，除硅效率较铝盐改性膨润土高，除硅剂用量少，成本低，对绿液 pH 值影响小的优点。后期可按下面工艺流程对过滤出来的改性膨润土进行脱附，循环使用多聚合硫酸铝改性膨润土，降低除硅成本。

技术要点

本技术首先制备多聚合硫酸铝改性膨润土，将铝盐溶解于水中，搅拌成溶液，缓慢加入氢氧化钠固体颗粒直至 pH 值调节至 $4.0 \sim 8.0$，静置 $2 \sim 5h$，倒出上清液，将膨润土按与铝盐比例为 $(1:1) \sim (1:5)$ 加入聚合硫酸铝溶液中，搅拌 $2 \sim 5h$，静置 $10h$，倒去上清液，将下浊液干燥 $10h$，研磨即可得到聚合硫酸铝改性膨润土。将澄清后的苛化段绿液控制温度 $90 \sim 100℃$，然后按照聚合硫酸铝改性膨润土与绿液的质量—体积浓度为 $10 \sim 50g/L$ 将得到的聚合硫酸铝改性膨润土加入到绿液中，搅拌反应 5～30min，过滤，其除硅率可达 30%～90%，pH 值减小率为原液的 0.1%～1.0%。

工艺流程

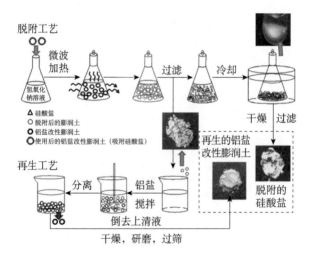

脱附工艺

氢氧化钠溶液　微波加热　过滤　冷却　干燥　过滤

△ 硅酸盐
○ 脱附后的膨润土
◎ 铝盐改性膨润土
◉ 使用后的铝盐改性膨润土（吸附硅酸盐）

再生的铝盐改性膨润土

脱附的硅酸盐

再生工艺

分离　铝盐　搅拌　倒去上清液

干燥，研磨，过筛

技术来源：陕西科技大学

碱回收工段绿液絮凝除硅技术

技术目标

本技术针对碱回收工段的绿液絮凝除硅工艺，具有除硅率高、沉降时间短、不稀释绿液、成本较低的优点。不仅减轻了苛化反应过程中的"硅干扰"问题，还为企业增加了一定的效益。

工艺流程

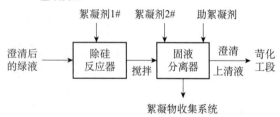

产品特征

絮凝除硅工艺分为除硅和絮凝两个阶段。除硅阶段的作用是将铝盐改性膨润土迅速、均匀地投加到除硅反应器中，吸附绿液中的硅酸盐，同时搅拌又使更多的硅酸盐与铝盐改性膨润土接触；絮凝阶段的作用是加入的 CPAM 和助絮凝剂与除硅阶段所生成的微粒发生碰撞、吸附、黏着、架桥作用生成较大的绒体，成为可见的矾花绒粒，更容易沉降，缩短了澄清时间。最后，在固液分离器中将絮体和上清液分离，上清液进入苛化工段，絮凝沉淀物进入絮凝沉淀物收集系统进行回收。

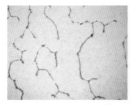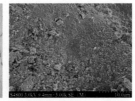

多媒体显微镜 ×100 倍（左）和扫描电镜 ×3 000 倍（右）下的除硅后絮凝物

技术来源：陕西科技大学

碱回收工段绿液硅捕集剂的制备技术

技术目标

本技术制备了一种碱回收工段的绿液捕集剂。经过此工艺制备的一种碱回收工段的绿液硅捕集剂膨胀性能好，硅捕集率很高，不稀释绿液，成本较低，并且制备过程中的废液可回收利用，不仅减轻了苛化反应过程中的"硅干扰"问题，还为企业增加了一定的效益，符合国家可持续发展战略。

技术要点

本技术对膨润土进行改性，水土比例为，100mL 水中加 2～8g 土，加入 3 价金属盐，盐土质量比为 1.5～6，静置 10～15h，收集上清液，干燥下层沉淀物 20～24h，然后研磨干燥后的沉淀物，过筛，即可制得在绿液硅捕集剂。并且将制备硅捕集剂工艺过程中的上清液再次调制成 30～50g/L 的碱基膨润土及 200～350g/L 的 3 价金属盐溶液，按照上述工艺继续制备绿液硅捕集剂。在绿液中，20～50g/L 的硅捕集剂用量的硅捕集率可达 99.9%，硅捕集剂可使绿液的硅捕集率高达

99.9%，而一般的膨润土在绿液中的硅捕集率最高为39.4%，并且经过硅捕集剂处理后的绿液的pH值几乎不变。

工艺流程

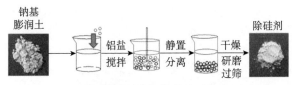

绿液硅捕集剂的制备过程示意图

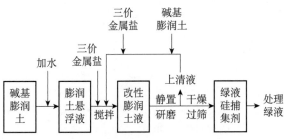

绿液硅捕集剂的制备工艺流程图

技术来源：陕西科技大学

改性膨润土协同生石灰绿液除硅技术

技术目标

本技术改性膨润土协同生石灰除硅率高，在除硅阶段加入一定量的生石灰进行预苛化，既可协同改性膨润土除硅，减少改性膨润土的用量，还可以加快改性膨润土的沉降速度，又可以减少苛化工段生石灰的加入量。并且绿液 pH 值变化很小，绿液量未减少。无论从除硅剂使用量还是从设备负荷上，都为企业带来了效益。

技术要点

本技术将 3 价金属盐改性膨润土 10～40g/L 与生石灰 5～20g/L（活性氧化钙含量 80%～90%）混合后置于经过澄清后的 90～100℃绿液中，在除硅槽中搅拌 10～30min，将混合液转入贮液槽中，静置充分反应 10～30min，过滤的除硅绿液，其除硅率可达 70%～95%。

工艺流程

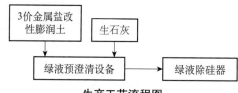

生产工艺流程图

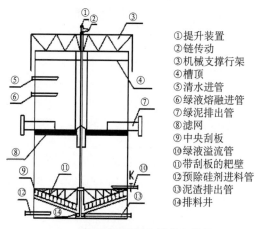

①提升装置
②链传动
③机械支撑行架
④槽顶
⑤清水进管
⑥绿液熔融进管
⑦绿泥排出管
⑧滤网
⑨中央刮板
⑩绿液溢流管
⑪带刮板的耙壁
⑫预除硅剂进料管
⑬泥渣排出管
⑭排料井

绿液预澄清设备结构示意图

技术来源：陕西科技大学

竹浆铝盐蒸煮同步留硅制浆方法

技术目标

本技术提出非木材纤维原料的蒸煮过程留硅工艺，降低了黑液中二氧化硅的含量，实现了纸浆留硅、黑液除硅的目的。同时，纸浆得率得以提高，提高了企业产量，实现企业增产创收。

技术要点

铝盐蒸煮同步留硅制浆方法，向氢氧化钠溶液中加入硫化钠、硫酸铝、氧化铝、氧化钙或偏铝酸钠固体，混匀配制成蒸煮液；将混匀的蒸煮液加入到竹片中，然后加入水调节液比至1：（4.5～5.5），自室温升温至150～160℃，升温时间150min，在最高温度下保温60min，最后喷放倒料。本技术在蒸煮前加入硫酸铝、氧化铝、氧化钙或偏铝酸钠，然后进行蒸煮，原料中的硅大部分留在了纤维表面及内部，进而降低了黑液中二氧化硅的含量，实现了纸浆留硅、黑液除硅的目的。

技术来源：陕西科技大学

竹材化学机械法制浆
高效均质浸渍技术

技术目标

化学机械法制浆技术以其原料适应性广、原料利用率高等优势，在我国得到了广泛的应用。但是，我国已建成或在建的化学机械法制浆生产线全部系国外引进，且基本均按特定树种的新鲜原木削片进行设计和流程布置，木片挤压均采用悬臂式单螺旋挤（MSD）方式。为了克服现有化机浆生产线中，采用悬臂式单螺旋挤压机挤压竹片常出现的挤压效果差、螺旋易被"抱死"等缺陷，本技术提供了一种化学机械法制浆中竹片的双螺旋挤压技术及设备，该技术可显著改善竹片的挤压效果，提高竹片在后续化学浸渍段的吸药性能，并可减少原来抽出物对化学品的无效消耗，有利于降低磨浆电耗、改善纸浆质量及提高化机浆生产的稳定性。

技术要点

（1）预处理：竹片筛选，去除过长度大于6cm、宽度大于4cm的大竹片以及长度和宽度小于6mm的竹屑，水洗去除杂质后用水浸泡至木片吸水量达到饱和后脱水，去除竹片中的游离水，浸泡时间为4～12h。

（2）预汽蒸：100～105℃下对预处理后的竹片进行1个大气压预汽蒸10～30min，使竹片中低分子抽出物受热溶出，并使原料木质素得到软化。

（3）多压区非悬臂式双螺旋挤压：预汽蒸处理后的竹片沿非悬臂式双螺旋挤压机的螺旋轴向依次受到多个压区的挤压、放松作用后进入下一流程；多个压区的压缩比沿螺旋轴向逐渐增大，所述的非悬壁式双螺旋挤压机有3个压区，压缩比沿轴向依次为2.8∶1、4∶1和6∶1，在相邻两个压区之间经过水洗去除竹片中低分子抽出物，实现竹材原料的高效均质浸渍。

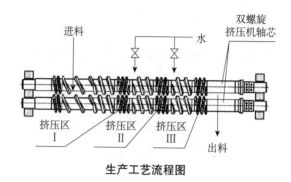

生产工艺流程图

技术来源：中国林业科学研究院林产化学工业研究所

竹材醇类溶剂法制漂白化机浆新技术

技术目标

竹材组分结构特殊，发色基团化学组分结构特殊，化学机械法制浆的漂白性能较差。传统水相介质的各种漂白手段无法制备白度大于 73% ISO 的竹材化机浆。本技术采用醇类溶剂作为介质，使竹材化机浆漂白白度可以超过 76% ISO，为其用于高档纸品的抄造提供了技术支撑。

技术要点

（1）原料预处理。将竹材原料在热水中洗涤后进行挤压脱水至物料干度为 30%～50%，脱水后物料在 100～105℃下预汽蒸 10～30min，然后用双螺旋挤压机浓缩至 50% 以上浓度，尽可能去除原料中的水溶性抽出物。

（2）化学浸渍。工艺条件为：Na_2SO_3 用量 1%～4%，NaOH 用量 0%～4%，DTPA 用量 0.1%～0.3%，浸渍浓度为 30%～50%，浸渍温度 40～150℃，浸渍时间 15～60min。

（3）高浓常压磨浆。对步骤（2）处理后物料进行高浓常压磨浆，磨浆浓度为25%～35%。

（4）醇类溶剂相 H_2O_2 漂白。用碱性 H_2O_2 醇类溶剂相药液对步骤（3）得到物料进行1～8次化学处理，处理条件为：H_2O_2 用量为6%～8%，NaOH用量为1%～10%，DTPA用量0.1%～0.3%，H_2O_2 稳定剂为硅酸钠或有机膦酸盐，其用量为0.1%～1.0%，浸渍浓度为5%～35%，浸渍温度60～100℃，浸渍时间15～60min，处理后物料经水洗至滤液澄清透明。其中，所述的醇类溶剂为甲醇、乙醇、乙二醇、1-丙醇、2-丙醇、丙二醇和丙三醇中的任意一种或几种的混合物。

（5）经步骤（4）处理后浆料经消潜、洗涤、筛选后成浆。纸浆白度为：水相体系66.4% ISO，乙醇相76.4% ISO。

技术来源：中国林业科学研究院林产化学工业研究所

改善竹材化学法制浆蒸煮均匀性的
预处理技术

技术目标

竹材的结构不均匀，竹壁外层组织致密、质地坚韧，竹黄部分非纤维杂细胞含量高，尤其是竹节部位石细胞较多，灰分含量高。竹材的这些结构特点，造成了竹材制浆存在蒸煮药液渗透困难、均匀性差、化学品消耗高。本技术提供一种改善竹材化学法制浆蒸煮均匀性的预处理方法，破坏竹材致密结构、减少竹材中非纤维组分的预处理方法。优点：处理流程简单，设备紧凑，且均采用国产成熟设备，投资省；预处理后的竹材结构均匀，蒸煮药液渗透性好，蒸煮时间短；煮后纸浆筛渣率低，吨浆化学品消耗少；竹材不同组分分别利用，提高了竹材利用的附加值。

技术要点

（1）原料准备：将竹材切成竹片，长度规格为3～5cm。

（2）双螺旋挤压：采用双螺旋挤压机对竹片进行挤压，压缩比为（2.8～4）:1，使竹材原料均匀受压变形，并使竹片中的竹节及竹黄中的非纤维组分压溃与维管束分离；目的是破坏竹材的致密结构，改善竹材化学蒸煮时的药液渗透性能。

（3）筛选：挤压后的竹材在经皮带输送机筛选，采用摇摆孔筛去除颗粒状非纤维组分，筛孔直径为4～5mm。减少竹材中的非纤维组分含量，有利于降低竹材蒸煮的化学品消耗；筛上纤维部分直接送入蒸煮器按传统工艺条件进行化学蒸煮。筛下颗粒状非纤维组分用于燃料锅炉燃烧产生蒸汽，或进行水解发酵生产糠醛或戊糖。在相同条件下采用亚硫酸盐法蒸煮，经过预处理后的竹材较未处理竹片制得纸浆，得率提高，即单位吨浆化学品消耗降低，筛渣率、卡伯价及纸浆中的灰分含量均下降。

技术来源：中国林业科学研究院林产化学工业研究所

竹材两步水解制取糠醛技术

技术目标

糠醛作为一种重要的有机化工原料，被广泛应用于食品、医药、农药、染料、化工等领域。但是糠醛不能通过化工合成制得，只能由农林产品水解生成。目前糠醛的生产工艺多采用一步硫酸催化法，通过生产过程中使用蒸汽气提移出糠醛，蒸汽消耗量大，存在糠醛收率低、废水废气污染严重等问题。本技术提供了一种利用生物质两步水解制取糠醛的方法，在酸性条件下竹材半纤维素水解生成戊糖，过滤分离水解液和残渣；水解液进行脱水反应得到糠醛，而得到的残渣又作为底物经纤维素酶和丙酮丁醇梭菌进行同步厌氧发酵得到丁醇。该技术不仅实现了竹材的综合利用，而且糠醛产率比传统方法提高了 10%，为糠醛和丁醇的生产开发了新的技术。

技术要点

（1）竹材半纤维素水解：以竹材备料废弃物为原料，经筛选、除杂粉碎到 40 目以下，按照一定比例与酸混合在 80～120℃条件下反应 1～6h。反应完成后，过滤分离水解液和残渣。水解所用酸为硫酸、磷酸、醋酸、盐酸中的任意一种，质量浓度为 1%～6%，原料和酸溶液的质量比为 1:5～1:20。

（2）糠醛的提取：水解液在 140～200℃下反应 4～10h 进行脱水反应得到糠醛。脱水反应时添加卤素盐为助催化剂，为 NaCl、FeCl$_3$、AlCl$_3$、MgCl$_2$ 中的任意一种或几种，加入量为 1～10g 卤素盐/100mL 水解液。反应过程中向釜中补加水，保持体系中酸的浓度恒定，1 个大气压反应得到糠醛，可使糠醛收率达到理论收率的 63.85%。

（3）残渣的发酵：残渣洗涤至中性后，自然风干，将残渣作为底物投入发酵罐中，并按照每克底物加 10～100FPU 的纤维素酶的量加入纤维素酶，按单位发酵液培养基体积的底物质量为 5～20g/100mL 加入发酵液培养基，并按照种子液体积/发酵液培养基体积为 4%～10% 的比例接种丙酮丁醇梭菌，37℃厌氧培养 60h，即得到含丁醇的发酵液，其中丁醇含量达到 8.37g/L。

技术来源：中国林业科学研究院林产化学工业研究所

马来酸催化竹屑半纤维素水解提取戊糖技术

技术目标

木质纤维素类生物质主要由纤维素、半纤维素和木质素组成，其中，半纤维素的含量约占20%～35%。半纤维素经水解可制备功能性低糖，还可用以生产乙醇、糠醛、木糖醇、2,3-丁二醇、有机酸等工业产品。水解植物半纤维素的方法主要有酶解法和酸水解法。酶解法虽然条件温和，但由于酶的成本太高，一直没有工业化，一直以来稀酸是研究最深入、应用最广泛且廉价有效的预处理方法之一。但甲酸、草酸等处理竹材时，半纤维素水解产率不高。该技术中采用马来酸催化竹屑半纤维素水解，所得戊糖收率可达98%以上，且处理后竹屑中纤维素和木素基本没有损失，具有较高的选择性。

技术要点

（1）将20～80的竹屑置于反应容器中，按液固比（10:1）～（60:1）的比例加入马来酸溶液，单位为 mL/g，马来酸的浓度为 0.1～0.5mol/L。开启搅拌及冷凝装置，反应 2～14h。

（2）水解反应结束后，冷却反应容器至室温，过滤并反复洗涤残渣至中性，所得滤液即为竹屑半纤维素的水解液，通过间苯三酚法测试其中戊糖含量，戊糖收率在 98% 以上和原料失重率 19% 左右。其中戊糖收率（%）= 水解液中戊糖含量 / 植物原料中聚戊糖含量 ×100；失重率（%）=1- 水解残渣绝干重 / 原料绝干重 ×100。

技术来源：中国林业科学研究院林产化学工业研究所

催化氧化深度处理高浓化学
机械浆废水技术

技术目标

近年随着国家对造纸工业节水要求，化机浆生产用水量逐年减少，废水浓度却逐年升高，高浓化机浆废水不易治理的难题逐渐突显。依靠传统的化学机械浆废水处理工艺，已无法达到国家新标准。为了解决现有技术存在的处理成本高、污泥产生量较大、污泥中含有大量有害无机盐的问题，本技术提供了一种催化氧化深度处理高浓度化学机械浆废水的方法，处理成本低，污泥发生量小。

技术要点

（1）将常规生化处理的废水送入硫酸铝混凝池。通过少量药剂投加达到混凝、酸析降 COD、调低 pH 值三重处理效果。

（2）沉淀后的上层清液再采用空气助催化 Fenton 体系氧化处，具体的做法为：上层清液经过安装有支管的管式混合器加入 $0.10\sim0.30kg/m^3$ 的浓硫酸被送入混合池与硫酸亚铁溶液连续混合均匀，由 pH 值控制系统使池内混合液 pH 值准确稳定在 $2.90\sim3.20$ 范围，混合液进入催化氧化池并加入过氧化氢溶液，曝气促进基质接触并提高催化活化能，曝气风量 $0.6\sim1.0m^3/m^3$。

（3）氧化反应后的混合液进入中和池，用氢氧化钙乳液，调整废水的 pH 值至 $6.0\sim6.5$，用阴离子型聚丙烯酰胺助凝后池进入澄清池。在澄清池内，混合液经过充分沉淀分离澄清后，上层清液达到新 GB 3544—2008《制浆造纸水污染物排放标准》。

技术路线

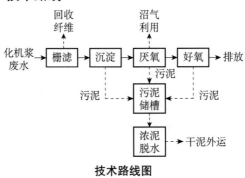

技术路线图

技术来源：中国林业科学研究院林产化学工业研究所

化学机械制浆废水的
生物处理减排技术

技术目标

我国制浆造纸行业废水的污染物排放量大，行业的节能减排任务巨大。国外目前采用膜技术或蒸发焚烧技术处理高浓废液，但所需的设备投资巨大，维护和运行成本高，根据我国企业的经营规模和经济实力，在较长的时间内无法采用同类技术。为了克服现有技术中存在的厌氧处理效率不高、有氧处理无法满足排放标准（GB 3544—2008《制浆造纸工业水污染物排放标准》）要求、三级物化处理成本高等缺点，该技术提供了一种化学机械制浆废水的生物处理减排方法，可以高效低成本深度处理高浓有机废水。

技术要点

（1）固形物减排和利用。废水以 0.07～0.14m/min 的流速通过 80～120 目、斜网倾角 60° 尼龙网。过滤后的废水进入沉淀池，停留时间为

6~10h。大于80~120目的纤维作为原料返回造纸车间。

（2）滤液减毒和改善可生化性。通过电化学反应器改善废水可生化性，减少废水的生物毒性。电化学反应器内装填料机械加工金属剩余物，碳含量大于0.1% wt，铁屑:铜屑=(10~20):1。运行条件控制为pH值6.5~7.5，温度20~50℃，停留时间0.5~4.0h。

（3）生物处理，包括厌氧和好氧生物处理。经（2）处理后的废水，依次通过3S-AR三阶段三循环厌氧反应器3个反应单元的污泥床，上升流速保持1~2.5m/h，停留时间8~20h。然后废水进入由3个相连的矩形池组成的动态SBR好氧反应器，停留时间为5~18h，气水比控制在8~20m³/m³废水。

（4）氧化混凝处理：经（3）处理完的废水采用混凝剂氧化混凝处理，经固液分离后，上清液即可达标排放（GB 3544—2008《制浆造纸工业水污染物排放标准》）。

技术路线

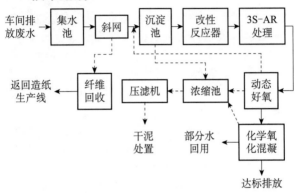

技术路线图

技术来源：中国林业科学研究院林产化学工业研究所

漂白竹浆疏水改性制备纳米纤丝化纤维素技术

技术目标

纳米纤丝化纤维素（NFC）具有可再生、可完全生物降解的特点，并具有极其优异的力学性能和高度有序的晶体结构。由于NFC表面存在丰富的羟基，有较强的极性，并具有天然亲水性的特点，使其在亲水性材料中有较好的分散性，但若将其分散在疏水性为基质的材料中则会出现团聚、分散不均匀等问题。本技术提供了一种化学改性的方法使利用漂白竹浆制备的纳米纤丝化纤维素在低极性溶剂丙酮中具有较好的分散稳定性，为纳米纤丝化纤维素应用于疏水性生物质基质材料制备提供依据。

技术要点

（1）竹浆的漂白提纯。使用综纤维素制备方法去除残留木质素提纯纸浆。竹浆原料用苯—乙醇混合液抽6h，自然晾干后，置于75℃水浴中，用酸性亚氯酸钠溶液浸泡样品，6次，每次1h，过滤得到综纤维素。将综纤维素在室温下用5% KOH溶液浸泡24h后，再在80℃水浴锅中保温浸泡2h，过滤水洗，冷冻干燥后即得纯度较高的α-纤维素。

（2）球磨处理制备微米级竹纤维。将提纯竹浆和DMF玛瑙球磨罐中，加入丁酰氯作为改性试剂后在360r/min转速下球磨10～18h。反应完成后，用无水乙醇和去离子水交替反复离心洗涤至离心上层清液呈中性。

（3）纳米纤丝化纤维素制备。取球磨时间为12h的样品悬浊液，用蒸馏水稀释浓度至0.5%～1.0%，将悬浊液依次在20～120MPa的均质压力下循环均质20次，得到取代度为2.07的纳米纤丝化纤维素水溶胶（m-NFC）。均质20次最高压力80MPa制备的m-NFC微纤丝长度为316.9nm，直径分布在25～80nm范围内，改性后的m-NFC在低极性溶剂丙酮中具有较好的分散稳定性。

技术来源：中国林业科学研究院林产化学工业研究所

竹制浆剩余物增强 HDPE 复合材料制备新技术

技术目标

竹屑和白泥是竹材制浆造纸过程中的主要固体剩余物，竹屑普遍处理方式是焚烧，白泥是堆放和填埋，该处理方法既不能高效利用剩余物，又造成了环境污染。通过竹制浆剩余物增强 HDPE 复合材料的制备新技术，可变废为宝，同时解决了环境污染的难题。

工艺流程

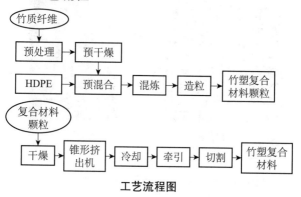

工艺流程图

技术要点

（1）将竹屑和白泥干燥至含水率（质量分数）<2%。

（2）取50%～70%竹屑，10%～20%白泥与HDPE高速充分混合。

（3）将混合好的物料通过双螺杆挤出机造粒。

（4）采用单螺杆或锥形双螺杆挤出成型，再由水冷定型获得复合材料。

质量要求

增强HDPE复合材料的质量符合GB/T 24508《木塑地板》和GB/T 24137《木塑装饰板》标准。

挤出机造粒

冷水定型

技术来源：国际竹藤中心

竹制浆剩余物增强 HDPE/Surlyn 芯壳结构复合材料制备新技术

技术目标

竹屑和白泥是竹材制浆造纸过程中的主要固体剩余物，竹屑普遍处理方式是焚烧，白泥是堆放和填埋，该处理方法既不能高效利用剩余物，又造成了环境污染。通过竹制浆剩余物增强 HDPE/Surlyn 芯壳结构复合材料的制备新技术，可变废为宝，同时解决了环境污染的难题。符合 GB/T 24508《木塑地板》和 GB/T 24137《木塑装饰板》标准。

技术要点

（1）竹屑和白泥预处理：干燥至含水率<2%。

（2）芯料：50%~70%竹屑，10%~20%白泥。

（3）壳料：HDPE/Surlyn，10% 白泥。

（4）混料：竹屑、白泥与壳层HDPE 或 Surlyn 在高混机中混合，分别制备芯料和壳料。

（5）造粒：将混合好的芯、壳层配料通过双螺杆挤出机造粒。

（6）共挤出成型：将造粒后的芯、壳层粒料分别加入锥形双螺杆挤出机和单螺杆挤出机，采用共挤出工艺制备芯壳结构竹塑复合材料。

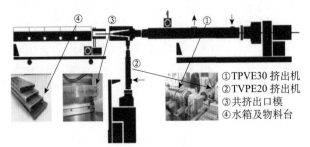

①TPVE30 挤出机
②TVPE20 挤出机
③共挤出口模
④水箱及物料台

工艺流程图

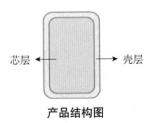

芯层 ← | → 壳层

产品结构图

竹塑复合材料制备

技术来源：国际竹藤中心

竹制浆剩余物增强三聚氰胺甲醛树脂模塑料制备新技术

技术目标

竹屑是竹材制浆造纸过程中的主要固体剩余物，普遍处理方式是焚烧，处理方法既不能高效利用剩余物，又造成了环境污染。通过竹制浆剩余物增强三聚氰胺甲醛树脂模塑料制备新技术，可变废为宝，同时解决了环境污染的难题。

工艺流程

竹屑→混合→干燥→粉碎→球磨→热压→模塑料

技术要点

（1）配置5%～15%浓度的NaOH溶液。

（2）溶液处理竹屑2h后用清水洗净并干燥。

（3）与三聚氰胺甲醛树脂混合后，在70℃下烘干6h，含水率控制在2%～5%。

（4）物料粉碎过筛至60～100目得到模塑粉。

（5）模塑粉经高温高压固化为三聚氰胺甲醛模塑料。

质量要求

该产品符合 GB/T 1034《塑料　吸水性的测定》、GB/T 1043《塑料　简支梁冲击性能的测定》、GB/T 9341《塑料　弯曲性能的测定》、GB/T 13454《塑料　粉状三聚氰胺—甲醛模塑料（MF-PMCs）》标准。

三聚氰胺甲醛模塑料

技术来源：国际竹藤中心

竹制浆剩余物液化制备聚氨酯阻燃保温材料新技术

技术目标

竹屑是竹材制浆造纸过程中的主要固体剩余物，普遍处理方式是焚烧，处理方法既不能高效利用剩余物，又造成了环境污染。通过液化工艺制备聚氨酯阻燃保温材料，可变废为宝，同时解决了环境污染的难题。

工艺流程

竹屑→粉碎→干燥→常压液化→洗涤→过滤→减压蒸馏→纯净液化产物与异氰酸酯发泡→改性聚氨酯材料

技术要点

（1）将聚乙二醇和丙三醇加入到带有回流冷凝功能的机械搅拌装置中，再加入竹屑。

（2）控制温度于150℃反应90min。

（3）冷水浴终止反应并迅速冷却至室温出料。

（4）液化多元醇酸值为43.5mg KOH/g，羟值为 350mg KOH/g，黏度为 750mPa·S。

（5）采用一步法发泡，将液化产物多元醇、多异氰酸酯、联合催化剂、发泡剂以及表面活性剂（硅油）等依次加入机械搅拌器中，在 1 000～1 200r/min 条件下搅拌均匀。

（6）加入工业聚醚多元醇，1 500～2 000r/min 条件下搅拌至出现乳白现象后停止搅拌。

（7）在室温下自由发泡，使链增长、气泡产生及交联等反应在短时间内几乎同时进行。

质量要求

该产品符合 GB/T 8624《建筑材料及制品燃烧性能分级》、GB/T 6343《泡沫塑料及橡胶　表观密度的测定》、GB/T 8813《硬质泡沫塑料压缩强度试验方法》标准。

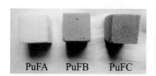

聚氨酯阻燃保温材料

技术来源：国际竹藤中心，中国林业科学研究院林产化学工业研究所

竹制浆剩余物制备饲料添加剂新技术

技术目标

竹屑是竹材制浆造纸过程中的主要固体剩余物，普遍处理方式是焚烧，处理方法既不能高效利用剩余物，又造成了环境污染。通过竹制浆剩余物的活性物质提取并制备饲料添加剂，可使其变废为宝，同时解决了环境污染的难题。

工艺流程

竹屑→提取→浓缩→过滤→浓缩→配比混合→饲料添加剂

技术要点

（1）竹屑粉碎后用 95% 乙醇为提取剂，用热回流提取法提取，提取温度 50℃。

（2）料液比为 1:10、1:8 和 1:5 热回流提取 3 次，每次提取 2h。

（3）合并提取液并浓缩至膏状。

（4）膏状提取物用纯水溶解后过 AB-8 大孔树脂柱，用 60% 的乙醇溶液淋洗，收集淋洗液，并 60℃下浓缩至膏状。

（5）添加剂载体稻壳粉用粉碎机粉碎，过 60目筛。

（6）取膏状提取物、95% 乙醇和水，按照1:1:1 的配比，将膏状提取物溶解、稀释，得到被稀释的提取物。

（7）被稀释的提取物和稻壳粉按照体积重量比为 1:2 比例，加入到搅拌机中充分搅拌。

（8）在 55～60℃条件下干燥，制得粉状天然饲料添加剂。

质量要求

该产品符合 GB 13078《饲料卫生标准》。

竹屑粗提物

添加剂载体

竹屑提取物饲料添加剂

技术来源：国际竹藤中心，安徽农业大学

竹制浆剩余物脲醛树脂复合材料制备新技术

技术目标

竹屑是竹材制浆造纸过程中的主要固体剩余物，竹屑普遍处理方式是焚烧，处理方法既不能高效利用剩余物，又造成了环境污染。通过竹制浆剩余物脲醛树脂复合材料的制备新技术，可变废为宝，同时解决了环境污染的难题。

工艺流程

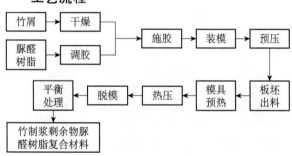

工艺流程图

技术要点

（1）物料干燥：采用先干燥后施胶工艺，将竹屑干燥至含水率 3% 左右。

（2）调胶：添加相溶剂于脲醛树脂，以及 1% 氯化铵固化剂，并充分搅拌。

（3）施胶：向竹屑施加调制好的脲醛树脂，充分混合备用。

（4）常温预压：物料填入模具后预压制得预压坯料。

（5）热压：通过热压成型工艺制得竹制浆剩余物脲醛树脂复合材料。

质量要求

该产品符合 GB/T 11718《中密度纤维板》。

脲醛树脂复合材料

技术来源：国际竹藤中心

一种新型保温材料——竹造纸污泥漂珠复合板的制备技术

技术目标

竹浆造纸剩余物污泥和漂珠都是工业固体废弃物，会带来严重的环境污染。如何改变这些废弃物性质，实现这些废弃物的再利用，开发研制具有附加值的功能化产品，是妥善解决这些废弃物的关键问题。该技术采用热压工艺制备一种新型的保温材料，既缓解了目前人造板工业原材料的供需矛盾，也为造纸企业固体废弃物找到了良好的处理，具有良好的经济效益、环境效益和社会效益。

技术要点

（1）优化工艺参数为：材料粒度 20～40 目，污泥与漂珠配比为 8:2，制备的复合材料厚度为 14mm。

（2）工艺流程为：竹造纸固体废弃物→烘干→筛选分级→与漂珠混合均→施胶→铺装→热压、冷却→自然养护→锯制试样→性能检测→数据分析。

（3）性能：材料的物理力学性能及导热性能等性能参数［导热系数在0.122～0.136W/（m·K）］，导热性能已达到国家保温材料（GB/T 10294—2008《绝热材料稳态热阻及有关特性的测定—防护热板法》）的标准。

竹造纸污泥漂珠功能性复合材料样品

技术来源：安徽农业大学

竹叶黄酮

技术目标

竹叶黄酮是从竹叶中提取的一种富含黄酮类化合物的提取物的总称，主要含荭草苷、异红草苷、牡荆苷和异牡荆苷等黄酮糖苷类功能性成分，一般为黄色或土黄色粉末，具有良好的水溶性和热稳定性，是一种生物黄酮类保健营养素。

品种来源

竹叶中富含黄酮类化合物。竹叶黄酮可从毛竹、慈竹、绿竹等竹叶中提取、分离、制备。

保健功能

（1）调节血脂的作用。可有效降低甘油三酯和胆固醇的浓度，升高高密度脂蛋白胆固醇，降低低密度脂蛋白胆固醇。

（2）保护心脑血管作用。具有明显的扩张动脉、增强血管弹性、清理疏通血液的作用；能明显改善心肌缺血、缩小心梗范围，对心脏缺血和脑缺血有一定的保护作用；具有抗血小板凝聚的防止血栓形成的作用；提高对缺氧和缺血的耐受性。

（3）抗衰老作用。能有效地清除自由基，产生抗氧化的作用，从而达到延缓衰老的目的。

（4）抗肿瘤作用。可有效清除亚硝酸盐，一定程度上阻断强致癌物质亚硝酸胺的合成，降低肿瘤的发生率。

（5）减肥功效。有预防脂质过氧化作用，减少脂肪积存。

技术来源：国际竹藤中心竹藤资源化学利用研究所

竹叶黄酮提取技术

技术目标

竹叶黄酮具有抗氧化、保护心脑血管、调节血脂等功效，作为保健产品原料，市场前景广阔。竹叶中富含黄酮类活性成分，高效提取、分离竹叶黄酮，是竹叶黄酮开发利用的前提。

技术要点

将新鲜竹叶自然风干后，粉碎成 60～80 目的竹叶粉。加入 8～10 倍的 75% 食用乙醇在提取罐中浸泡，加热至 50℃ 并不断搅动，提取 1h；提取液采用 100 目过滤网过滤，收集滤过液；滤渣用 5～8 倍 75% 食用乙醇重复提取 1 次，提取 1h。过滤，合并滤液，加热蒸发乙醇和水，得到竹叶黄酮提取物浸膏。在提取物浸膏中，加入 15～20 倍的蒸馏水，加入 10% 体积的石油醚萃取，静置分层，弃去石油醚层，水相再用同量石油醚萃取 1 次，然后加热至 60℃，保持 30min，去除微量石油醚，再采用 200 目过滤网过滤，得出滤过液；蒸发除去水分，得到竹叶黄酮粉末。

竹叶黄酮提取生产线（局部）

　　技术来源：国际竹藤中心竹藤资源化学利用研究所

竹醋粉

技术目标

竹醋粉是以精制竹醋液为原料，通过吸附、干燥、粉碎等方式加工而成的新产品，呈一种粉末状，与竹醋液有相似的化学组成，更易于贮藏、运输，应用范围更广泛。

品种来源

竹醋液是竹材热解产生的气体经冷凝得到的液态产品，是竹炭加工的副产物。竹醋粉来源于竹醋液。

功效与应用

竹醋液通常含80%以上的水分，其次是有机酸，还含有酚类、酮类、醛类、醇类以及杂环类等成分。竹醋粉与竹醋液具有类似的生物活性与生理功能，目前多应用于饲料行业，作为饲料添加剂，替代或部分替代抗生素，减少抗生素在饲料中的使用。竹醋粉的另一个应用领域是足疗保健用品，主要作为保健足贴的原料，与中草药提取物等共同发挥作用。

　　技术来源：国际竹藤中心竹藤资源化学利用研究所

竹醋农药增效剂科学使用方法

技术目标

农药使用后，受阳光照射等自然因素影响，使农药有效成分发生降解，从而增加了施药次数，造成环境污染等问题，在农药制剂中添加光稳定剂是减缓农药光解的有效方法。因此，研发了竹醋液农药增效技术。该技术通过竹醋液与化学农药或植物源农药的复合使用，即实现了农药持效作用，又解决了竹醋液资源高值化利用的问题。

技术要点

（1）竹醋液稀释后（100～400倍）与农药混合后喷洒。

（2）与农药配比使用时应酌情减少农药的使用量。尤以与植物源农药相配比，效果更佳。不能与石硫合剂等碱性农药混合用。

（3）要严格按照稀释配比的比例使用，并摇匀后使用，以免产生沉淀、堵塞喷管或喷施效果不佳。

（4）喷施时应注意天气状况，以无风无雨晴朗的天气为佳。

（5）喷施时间一般以上午 9 时前或下午 4 时后喷施，以雾状喷施效果最好。喷施时应做到均匀喷撒整个叶面和叶背。如喷后下雨，应重新喷施。不宜在夏季中午强光高温时使用。

技术来源：国际竹藤中心

竹醋叶面肥料

组成成分

竹醋液是以竹子原料进行碳化，并对在制造竹炭过程中产生的烟气进行冷却，收集得到棕褐色液体。竹醋液中有机化合物的 5% 为醋酸（食醋的成分），另外含有酸类、酮类、醇类、酚类等成分。

特征特性

竹醋液呈酸性，将低浓度的竹醋液应用于农作物和草坪中则会促进其芽和根的成长，进一步利用竹醋液与氨基酸混合，可为植物提供生长所需营养，具有易于植物吸收，促进植物根系生长，提高植物抗性的效果。竹醋叶面肥料按照 NY 1429—2010《含氨基酸水溶性肥料》标准执行，主要营养元素含量包括氨基酸≥100.0g/L、有机质≥12.0%、水不溶物≤5.0%、总酸≥3.0%、pH 值 4.0～7.0、微量元素含量≥20g/L。

应用范围

竹醋液可与氨基酸混合使用，实现促进植物生长的目的，可作为温室大棚及大田的植物肥料。

技术来源：国际竹藤中心竹藤资源化学利用研究所

竹醋叶面肥料科学使用方法

组成成分

竹醋液中化学成分包括酸类、酮类、醇类、酚类等，主要营养成分含量包括氨基酸≥100.0g/L、有机质≥12.0%、水不溶物≤5.0%、总酸≥3.0%、pH 值 4.0～7.0、微量元素≥20g/L。

使用方法

竹醋叶面肥可用于叶菜类、茶叶、烟叶等植物，在幼苗期、成长期用 400～600 倍液，每 7～10 日喷施一次。收获期用 400～500 倍液，每 7～10 天喷施一次；最后一次喷施应于收获前 5 日。

果菜类、根菜类、水果类等植物，也可参照上述方法使用竹醋叶面肥。

注意事项

与农药配比使用时应酌情减少农药的使用量。不能与碱性农药混合用。

技术来源：国际竹藤中心竹藤资源化学利用研究所

竹醋液

组成成分

竹醋液是竹材及竹材加工剩余物干馏、炭化产生的烟气经冷凝、冷却，并分离焦油后得到的具有烟熏味，含有酸类、酚类、酮类、醛类等多种有机成分的酸性液体及其精制产品。

特征特性

未经任何处理的竹醋液，呈深褐色或红棕色，含有少许悬浮物，存储时不断有沉淀。粗竹醋液不允许直接使用。精制竹醋液是粗竹醋液经密闭静置陈化至少 6 个月，待其自然分层后除去沉淀焦油、轻油及可视悬浮物后得到的澄清液体。外观呈红棕色或棕黄色，澄清，无可见悬浮物，长期存储有少量沉淀。蒸馏竹醋液是粗竹醋液或精制竹醋液经蒸馏或精馏，除去溶解焦油等高沸点物质后得到的浅黄色或无色透明液体。外观呈淡黄色至无色，透明，无可见悬浮物，长期存储无沉淀。

应用范围

竹醋液的用途广泛，可作为土壤改良剂使用，其作为肥料和土壤改良剂也得到日本有机农产品标准的承认。而且竹醋液还可以作为堆肥发酵促进剂、垃圾处理除臭剂、食品保存的熏制剂、农药增效剂等。

技术来源：国际竹藤中心竹藤资源化学利用研究所

精制竹醋液加工技术

特征特性

竹醋液是竹材及竹材加工剩余物干馏、炭化产生的烟气经冷凝、冷却，并分离焦油后得到的具有烟熏味的酸性液体，即为粗竹醋液；精制竹醋液是粗竹醋液经密闭静置陈化至少6个月，待其自然分层后除去沉淀焦油、轻油及可视悬浮物后得到的澄清液体。外观呈红棕色或棕黄色，澄清，无可见悬浮物，长期存储有少量沉淀。

加工技术

将竹材破碎后制成竹片，放入土窑或机械窑中烧成竹炭，炭化过程中产生的烟在80～150℃进行冷却，从而采集到粗制竹醋液。然后将粗制竹醋液静置6个月，粗制竹醋液会分成3层，最上层为油膜，中层为竹醋液，下层为竹焦油，去除最上层的油膜，收集中层的竹醋液即为精制竹醋液。

技术来源：国际竹藤中心竹藤资源化学利用研究所

竹叶多糖泡腾颗粒

组成成分

竹叶多糖泡腾颗粒是以竹叶多糖为功能成分，通过对泡腾辅料（酸源、碱源）、填充剂、矫味剂、包裹剂进行优化与筛选，获得的功能食品。配方为竹叶多糖 5%，PEG6000 4%，碳酸氢钠 20%，柠檬酸 12.5%，酒石酸 12.5%，甘露醇为 45.5%，安赛蜜/阿斯巴甜（1:1）0.5%。

加工技术

酒石酸，柠檬酸为酸源；碳酸氢钠为碱源；PEG6000 为包裹剂；甘露醇为填充剂；安赛蜜/阿斯巴甜（1:1）为矫味剂。将 PEG6000 置于少量无水乙醇中水浴加热至熔融状态后，加入碳酸氢钠，搅拌均匀，干燥后，磨成细粉（过 80 目筛）；另将酒石酸与柠檬酸按 1:1 混合，过 80 目筛；将竹叶多糖、酸源、碱源、填充剂、矫味剂混合均匀，用 95% 的乙醇制软材，用 20 目筛制颗粒，50℃减压干燥，过 40 目筛整粒，密封包装，即得。

功效与应用

泡腾制剂是近年发展起来的药物/保健食品新剂型。当泡腾颗粒与水接触后，泡腾颗粒在短时间内崩解，产生大量二氧化碳，从而使主药迅速溶解，发挥药效。

竹叶多糖是一种具有降血糖、抗氧化及抑制肿瘤等功能的活性成分。竹叶多糖泡腾颗粒是以竹叶多糖为功效成分的功能食品。可以作为血糖偏高的处于亚健康状态的人群服用。

竹叶多糖泡腾颗粒

技术来源：中南林业科技大学

竹叶多糖提取技术

特征特性

竹叶多糖是以竹叶为原料，通过提取纯化获得一种活性化学成分。作为一种降血糖、抗氧化及抑制肿瘤的功效成分，其特殊的生理功能正不断被人们所认识，并已作为一种保健食品或药品原料正在逐步开发中。

提取技术

（1）竹叶多糖粗提物：竹叶自然风干后，用万能粉碎机粉碎，加15倍量的热水提取，减压浓缩后，按4倍浓缩液体积加乙醇醇沉。离心获得沉淀，干燥即得竹叶多糖粗提物。

（2）竹叶多糖的纯化：采用聚酰胺柱层析法对竹叶多糖粗提取进行纯化。取竹叶多糖粗提物加水溶解，配制成5.0g/L的多糖溶液。聚酰胺去除杂质后，按聚酰胺:多糖溶液=2:5的比例将多糖溶液注入柱床，静置12h后，用5倍体积的纯水洗脱，收集洗脱液，减压蒸发浓缩，干燥后即获得脱去游离蛋白和色素的纯化竹叶多糖。

（3）竹叶多糖的测定：准确称取标准葡萄糖 1.0g，溶解定容至 500mL，再吸取 5mL 定容至 100mL 容量瓶中，配置成 0.1mg/mL 的标准溶液待用。移取 0.1mL、0.2mL、0.4mL、0.6mL、0.8mL、1.0mL 的标准葡萄糖溶液，依次添加蒸馏水使终体积为 1.0mL，空白对照为蒸馏水 1.0mL。上述溶液各加 5% 苯酚溶液 1.5mL，振摇混匀，垂直滴加浓硫酸 5.0mL，迅速振摇混匀，于 50℃ 水浴下加热 30min 后，静置 20min 冷却至室温，用分光光度计在 490nm 测定吸光值。横坐标为葡萄糖的浓度，纵坐标为吸光值，绘制标准曲线。精确称量竹叶多糖供试样品 1.0g，于 100mL 圆底烧瓶中，加蒸馏水 50mL，100℃ 下加热 2h，冷却过滤，定容于 100mL 容量瓶中。将多糖溶液稀释至合适的浓度，准确移取待测的多糖稀释液 1.0mL，依据上面葡萄糖标准曲线的建立方法，测定吸光值，根据标准曲线计算竹叶多糖含量。

技术来源：中南林业科技大学

竹叶源生物杀菌剂（竹源 1 号）

组成成分

以毛竹提取物为主成分，通过对溶剂和乳化剂等助剂的筛选，经制剂加工，获得 10% 毛竹提取物水乳剂。该竹叶源生物杀菌剂的配方为毛竹提取物 10%、乳化剂 10%、溶剂 20%、抗冻剂 4%、增稠剂 0.2%，水补足至 100%。

特征特性

通过对上述竹叶源生物杀菌剂进行热贮、冷贮、冻熔、稀释稳定性及持久起泡性实验，结果表明制剂不出现分层、沉淀、析水等现象，热贮过程中有微量析油，符合水乳剂的质量标准。

应用范围

竹叶源生物杀菌剂对番茄灰霉病、番茄叶霉病、辣椒灰霉病等蔬菜病害的田间防治效果可达 70% 以上，可应用于设施蔬菜病害的防治，保障农产品质量安全。

技术来源：安徽农业大学

竹叶源生物杀菌剂（竹源 2 号）

组成成分

以毛竹提取物为主成分，通过对溶剂和乳化剂等助剂的筛选，经制剂加工，获得 10.7% 毛竹提取物 / 醚菌酯复配水乳剂。该竹叶源生物杀菌剂的配方为毛竹提取物 10%、醚菌酯 0.7%、乳化剂 10%、溶剂 20%、抗冻剂 4%、增稠剂 0.2%，水补足至 100%。

特征特性

通过对上述竹叶源生物杀菌剂进行热贮、冷贮、冻熔、稀释稳定性及持久起泡性实验，结果表明该制剂不出现分层、沉淀、析水等现象，热贮过程中有微量析油，符合水乳剂的质量标准。

应用范围

竹叶源生物杀菌剂对番茄灰霉病、番茄叶霉病、辣椒灰霉病等蔬菜病害的田间防治效果可达 70% 以上，可应用于设施蔬菜病害的防治，保障农产品质量安全。

技术来源：安徽农业大学

竹叶源生物杀菌剂科学使用方法

技术目标

蔬菜质量安全问题备受关注，蔬菜病害防治迫切需要绿色环保的生物农药。10%毛竹提取物水乳剂、10.7%毛竹提取物·醚菌酯复配水乳剂两种竹叶源生物杀菌剂是来自于竹叶天然产物的植物源农药。为了解决蔬菜病害防治长期依赖化学农药、农药残留危害蔬菜产品质量安全的问题，研发了竹叶源生物杀菌剂在蔬菜病害防治上的科学使用技术。

技术要点

（1）防治对象：番茄灰霉病、番茄叶霉病、辣椒灰霉病等蔬菜栽培过程中常见病害。

（2）施药时期与次数：病害发生初期，施药次数2次（施药间隔7天）。

（3）施药剂量：10%毛竹提取物水乳剂，稀释200～300倍；10.7%毛竹提取物·醚菌酯水乳剂，稀释1 500～2 000倍。

（4）施药方法：施药采用手动背负式喷雾器，

工作压力 0.3～0.4MPa，喷孔直径 1.3mm，将药液均匀喷洒在植株上，叶片正面、反面喷洒均匀。

（5）防治效果：10% 毛竹提取物水乳剂的田间防治效果可达 70%～80%；10.7% 毛竹提取物·醚菌酯水乳剂的田间防治效果可达 75%～85%。

药前

药后
7天

药后
14天

　　清水CK　　　　10%毛竹提取　　10.7%毛竹提取物·
　　　　　　　　物水乳剂稀释　　醚菌酯水乳剂稀释
　　　　　　　　　150倍　　　　　1 500倍

竹源农药制剂使用前后对比

技术来源：安徽农业大学植物保护学院

竹焦油基耐高温树脂

技术目标

竹焦油是竹炭加工过程中的剩余产物，其中含有较多的苯酚及其烷基酚类衍生物，这使得竹焦油可以以替代石油化工产品合成生物质耐高温树脂。本技术通过在酸性催化剂作用下通过对竹焦油反应缩合度的控制，成功地获得了具有耐高温、耐腐蚀、高强度、易加工的耐高温树脂。该树脂可作为耐热结构黏结剂、碳纤维增强复合材料基体树脂和竹焦油基耐高温树脂泡沫炭。本技术解决了竹产品加工副产物的高附加值利用。耐高温树脂作为耐热性材料、碳素材料黏结剂、耐磨耗刹车制动摩擦材料、高耐热纤维、防腐涂料改质剂等将在航空、航天、石油化工等等行业具有广阔的应用前景。

技术要点

（1）竹焦油的结构、组分及性质表征。通过IR、GC-MS等一系列测试手段对竹焦油进行分析，充分了解竹焦油性质、各种组分的含量。精制竹焦油得到合成 COPNA 树脂的主要成分。

（2）竹焦油为原料合成 COPNA 树脂。COPNA 树脂的制备采用竹焦油为原料，对苯二甲醇（PXG）为交联剂，对苯甲磺酸（PTA）为催化剂，在 N_2 保护下于搅拌反应数小时而得获得不同用途的 A 阶、B 阶和 C 阶树脂。

（3）树脂制备碳纤维增强复合材料。以 B 阶 COPNA 树脂为基体树脂，短切碳纤维为增强体制备碳纤维/COPNA 树脂复合材料，可提高 COPNA 树脂和碳纤维之间的结合。

（4）泡沫炭的制备方法采用限空间法。将 COPNA 树脂粉碎均匀放入模具中放入 $300\sim500℃$ 高温烘箱中，保温 30min，取出并自然降温至室温，取出泡沫树脂。将泡沫树脂

用于石油化工管线修复和补强

放入高温炭化炉中，在 N_2 气氛下升温到 $1\,000℃$，保温数小时后自然降温至室温，得泡沫炭。

技术来源：北京化工大学